浙江省普通高校"十三五"新形态教材

高职高专计算机类专业系列教材

C 语言程序设计立体化教程

（第二版）

主　编　廖智蓉

副主编　彭小玲　梁建平　高兴媛

参　编　杨官霞　吴少俊　袁　芬

相方莉　王　华

西安电子科技大学出版社

内 容 简 介

    本书根据计算机类专业基础课程的教学要求，并结合高职教育"理论够用，重在实践"的特点编写而成。本书通过 6 个简单项目对 C 语言程序设计中的相关知识点进行了详略得当的介绍。这 6 个项目分别是开启 C 语言程序设计之门、制作简易计算器、制作五子棋游戏菜单界面、模拟 ATM 工作流程、制作简易通讯录管理系统、用指针实现学生综合测评成绩管理。另外，本书配备了大部分知识点的微课资源，读者可以通过扫描二维码的方式随时随地预习和反复学习。

    本书可作为高职高专院校计算机类专业的教材，也可作为 C 语言自学者的参考书。

图书在版编目（CIP）数据

    C 语言程序设计立体化教程 / 廖智蓉主编. -- 2 版. -- 西安：西安电子科技大学出版社, 2024. 8. -- ISBN 978-7-5606-7383-7

    Ⅰ. TP312.8

    中国国家版本馆 CIP 数据核字第 2024XX4699 号

策　　划	刘小莉	
责任编辑	刘小莉	
出版发行	西安电子科技大学出版社（西安市太白南路 2 号）	
电　　话	（029）88202421　88201467	邮　编　710071
网　　址	www.xduph.com	电子邮箱　xdupfxb001@163.com
经　　销	新华书店	
印刷单位	西安创维印务有限公司	
版　　次	2024 年 8 月第 2 版　2024 年 8 月第 1 次印刷	
开　　本	787 毫米×1092 毫米　1/16　印 张　10.5	
字　　数	243 千字	
定　　价	33.00 元	

ISBN 978-7-5606-7383-7

XDUP 7684002-1

*** 如有印装问题可调换 ***

前　言
////////// PREFACE

　　C 语言既具有高级语言的强大功能，又有很多直接操作计算机硬件的功能(这些都是汇编语言的功能)，因此，C 语言通常又被称为中级语言。读者学习和掌握 C 语言，既可以增进对计算机底层工作机制的了解，又可以为进一步学习其他高级语言打下坚实的基础。

　　"C 语言程序设计"是计算机类专业的一门重要的专业基础课程，同时也是数据结构等课程的前导课程。作为计算机类专业学生学习的第一门编程语言，C 语言可以帮助学生形成面向过程的结构化编程思想。

　　初学者学习程序设计的目的是进行程序设计能力的基本训练，而不是立即能编写大型程序。因此，初学者学习 C 语言程序设计时，应重点学习程序设计的方法和思路，把精力放在最基础、最常用的内容上。需要强调的是，无论学习什么编程语言，都要多实践，也就是要经常编写程序、调试代码、修改代码，这个过程也许很枯燥，但是一旦成功，会给我们带来意想不到的喜悦。

　　本书通过 6 个简单项目对 C 语言程序设计中的相关知识点进行了详略得当的介绍。每个项目均由项目导入、知识导航、项目分析与实现、知识延伸、知识总结和试一试六个部分组成。其中，"知识导航"部分介绍了完成本项目所需掌握的相关知识，并且在相关知识的讲解过程中使用了大量的实例来帮助读者对这些知识点进行理解；"知识延伸"部分主要是对知识点进行梳理，这些知识点有些是比较少用到的，有些是比较难理解的，为了保持 C 语言程序设计知识体系的完整性，仍对其进行了介绍；"知识总结"部分主要帮助读者建立本项目的重要知识框架；"试一试"部分设置了一些趣味性较强的编程题，旨在锻炼读者的代码书写能力，读者可以通过扫描二维码的方式查看相应的参考答案。另外，本书还配备了大部分知识点的微课资源，便于读者随时随地学习相关知识。

本次修订主要是针对"知识导航"这部分内容进行的，增加了部分实例，并在这些实例中融入了课程思政方面的内容，旨在弘扬我国先辈们在科学领域不畏艰难、精益求精的精神，增强学生的民族自豪感和使命感；其次，修改了个别文字表达方式，纠正了图表、代码中的错漏等，使书稿质量更加完善。

浙江长征职业技术学院廖智蓉担任本书主编；浙江长征职业技术学院彭小玲、梁建平、高兴媛担任副主编；浙江长征职业技术学院杨官霞、吴少俊，浙江旅游职业技术学院袁芬、相方莉和杭州企安交通技术资询有限公司王华参与编写了本书。廖智蓉确定本书的编写框架，并负责统稿工作。

由于编者水平有限，书中难免有疏漏之处，恳请读者批评指正，以便再版时完善。

编　者

2024 年 5 月

CONTENTS　目　录

项目 1　开启 C 语言程序设计之门

知识目标

(1) 了解 C 语言的结构及特点。
(2) 了解 C 语言的实际用途。
(3) 了解 C 语言的标识符和关键字。
(4) 了解 C 语言程序的上机步骤。

能力目标

(1) 能使用 C 语言程序的运行环境。
(2) 能编写出第一个简单的 C 语言程序并运行。
(3) 能模仿第一个简单 C 语言程序编写出一些简单的系统界面。
(4) 能修改 C 语言程序设计过程中常见的错误并进行调试。

1.1　项 目 导 入

李聪是一名计算机系的新生，他对编程十分感兴趣。他听说 C 语言是一门非常有用的编程语言，利用 C 语言可以编写 Windows、DOS、UNIX 等多种操作系统，其代码移植性非常好，并且 C 语言已成为世界上应用最广泛的几种计算机语言之一，可为以后学习更多软件编程语言奠定基础。因此李聪很想立刻开始学习 C 语言，开启自己的编程之路。他想编写的第一个程序的运行效果如图 1.1 所示。

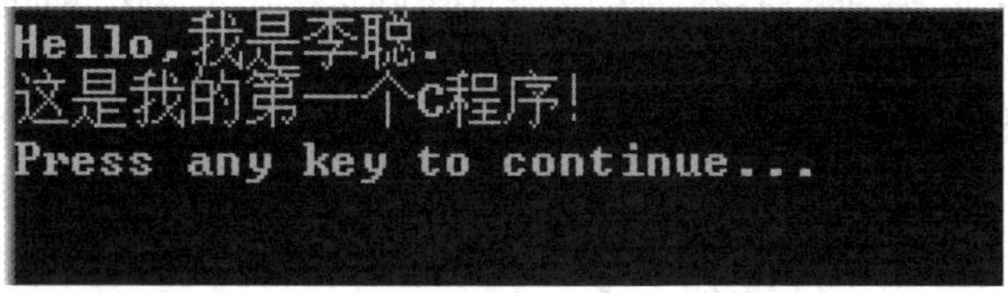

Hello,我是李聪.
这是我的第一个C程序!
Press any key to continue...

图 1.1　李聪想编写的第一个程序的运行效果

1.2 知 识 导 航

1.2.1 C 语言简介

C 语言是计算机程序设计语言之一，利用它既可以编写系统软件，也可以编写应用软件。

C 语言是在 1972—1973 年间由贝尔实验室的 D. M. Ritchie 在 B 语言的基础上设计出来的。后来，人们对 C 语言作了多次改进，但它主要还是在贝尔实验室内部使用。直到 1975 年 UNIX 第 6 版公布后，C 语言才引起了大家的普遍关注。随着 UNIX 的广泛使用，C 语言也迅速得到推广。1978 年后，C 语言先后被移植到大、中、小、微型机上，并且独立出来。C 语言应用范围广泛，不仅可以开发系统软件，还可以开发各种嵌入式系统以及单片机。

随着 C 语言的发展和广泛使用，其版本也越来越多。1983 年，美国国家标准化协会 (ANSI)根据 C 语言的各种版本制定出了标准，称为 ANSIC。目前广泛流行的各种版本的 C 语言编译系统虽然基本部分是相同的，但也有一些不同之处。

C 语言具有以下特点：

(1) C 语言简洁紧凑，使用方便、灵活。C 语言共有 32 个关键字，9 种控制语句，程序书写形式自由，严格区分大、小写字母，一般采用小写字母书写。

C 语言中常用的 23 个关键字为：auto、break、case、char、continue、default、do、double、else、float、for、if、int、long、return、short、switch、sizeof、static、struct、void、while、typedef；不常用的 9 个关键字为 const、enum、extern、goto、register、signed、union、unsigned、volatile。

(2) 运算符丰富。C 语言共有 34 种运算符(详见附录 2)。C 语言把括号、逗号、赋值、强制性类型转换等都算作运算符，这使 C 语言的运算符非常丰富，表达式类型多样化，从而可以实现其他高级语言很难实现的一些运算。

(3) 数据结构类型丰富。C 语言提供的数据结构类型丰富。C 语言的数据类型有基本数据类型、构造数据类型、指针类型和空类型。其中：最常用的基本数据类型有整型、实型、字符型、枚举型等；构造数据类型包含数组、结构体和共用体。利用这些类型可以实现各种复杂的数据结构运算，尤其是指针类型使用起来灵活方便。

(4) 具有结构化的基本语句。结构化编程语言都具备三种基本语句：顺序语句、条件语句(比如 if…else 语句、switch 语句)、循环语句(比如 while 语句、do…while 语句、for 语句)。

(5) 程序模块化。C 语言用函数作为程序的模块单位。C 语言不仅自带了丰富的库函数，而且可以让用户根据需要自定义功能函数。

(6) 表达形式自由度大。C 语言的语法限制不太严格，程序设计自由度大。比如，变量数据类型使用比较灵活，整型数据、字符型数据以及逻辑型数据可以通用；对数组下标越界不做检查，完全靠编程人员平时养成良好的编程习惯来保证正确性。因为 C 语言放宽了语法检查，给了编程人员较大的编程自由度，所以编程人员要确保所编写的程序正确性高，而不能依赖 C 语言编译程序去找错。

(7) 能进行位操作。C 语言提供了丰富的运算符，其中就有位运算符。C 语言可以直接访问物理地址，也可以直接对硬件进行操作。因此，C 语言具有双重性，既具有高级语言的功能，又具有低级语言的很多功能。

(8) 程序执行效率高。汇编程序的执行效率最高，但用机器语言编写代码的工作量大，而且可读性较差。而 C 语言在描述问题方面工作量小、可读性好、易维护，一般只比汇编程序生成的目标代码效率低 10%～20%。

(9) 可移植性好。用 C 语言编写的程序基本上不做修改就能用于各种型号的计算机和操作系统中。

上面只列举了 C 语言的一部分特点，其他特点在以后项目里会进行相关介绍。由于 C 语言的可移植性好、硬件环境适应性强、表达方式多样以及运算能力强，因此很多大型软件都用 C 语言编写。

上述 C 语言特点，初学者也许还不能理解，等学完后面的知识后再回顾就会有深层次的体会了。

1.2.2 一个简单的 C 语言源程序

1. 一个简单的 C 语言源程序

【例 1-1】 一个简单的 C 语言源程序如图 1.2(a)所示，其运行结果如图 1.2(b)所示。

视频：开启 C 语言程序设计之门

(a)   (b)

图 1.2 一个简单的 C 语言源程序示意图

程序说明：

(1) 源程序的第 1 行是注释，起说明作用，不产生编译代码。

(2) 源程序的第 2 行是头包含文件，进行编译预处理。(读者可以尝试删了第 2 行，看看会出现什么情况。)

(3) 在源程序的第 3 行中，main( )表示主函数。一个 C 语言程序中必须有一个 main( )函数。

(4) {}是函数体部分，不能省略。

(5) 函数体内含有一条语句，就是源程序的第 5 行，其中 printf( )是 C 语言的输出函数，双引号内的字符串按原样输出，"\n"表示换行，语句以分号作为结束。(项目 2 中会详细讲解 printf( )函数的使用。)

2. C 语言程序的主要结构特点

(1) C 语言程序是由函数构成的。一个 C 语言程序至少包含一个 main( )函数，也可以包含一个 main( )函数和若干其他函数。

(2) 一个 C 语言程序总是从 main( )函数开始执行,在 main( )函数中结束,而且 main( )函数的位置不固定。

(3) C 语言程序中可以包含预处理命令(include 命令只是其中的一种)。预处理命令一般放在程序的开头。(读者接触最多的预处理命令是 "#include <stdio.h>",也可以写成 "#include " stdio.h " "。)

(4) 函数体由若干语句构成,每条语句都以分号作为结束。需要注意的是,预处理命令不是语句,所以预处理命令后不要加分号。

(5) C 语言程序书写自由,一行可以写多条语句,一个语句也可以写在多行上,并且 C 语言程序是严格区分大、小写字母的,一般采用小写字母书写。

(6) C 语言程序的注释可以增加程序的可读性。注释一般有两种形式:一种是单行注释,采用 "//……" 的形式;另一种是多行或段落注释,采用 "/*……*/" 的形式。

(7) C 语言本身没有输入/输出语句,若需要输入/输出数据,可使用 C 语言提供的输入/输出库函数。scanf( )是输入函数,printf( )是输出函数,具体使用详见项目 2。

1.2.3 C 语言程序的上机步骤

1. 相关概念介绍

(1) 源程序:用 C 语言编写的程序。其扩展名为 ".c" 或者 ".cpp"。

(2) 目标程序:把计算机不认识的源代码翻译成二进制形式所产生的文件。这个过程是由编译系统来完成的,并且进行语法查错分析。其扩展名为 ".obj"。

(3) 可执行程序:目标程序与系统的函数库和其他目标程序连接起来形成的可执行的程序。其扩展名为 ".exe"。

2. C 语言程序上机图解

编写好一个 C 语言源程序后,如何上机运行呢?图 1.3 很好地展示了上机过程。

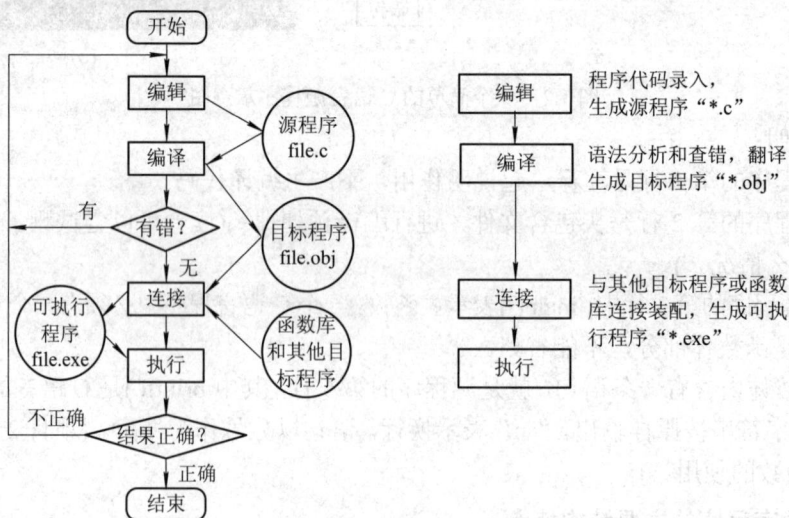

图 1.3 C 语言程序上机图解

1.2.4　C 语言程序的运行环境

常用的 C 语言程序编译软件有 Microsoft Visual C++、TC、C-Free、GCC 等。其中，C-Free 是一款支持多种编译器的专业化 C/C++ 集成开发环境。使用 C-Free 可以轻松地编写源代码、编译生成目标程序，连接生成可执行文件。本书中的实例都是用 C-Free 实现的，其界面如图 1.4 所示。

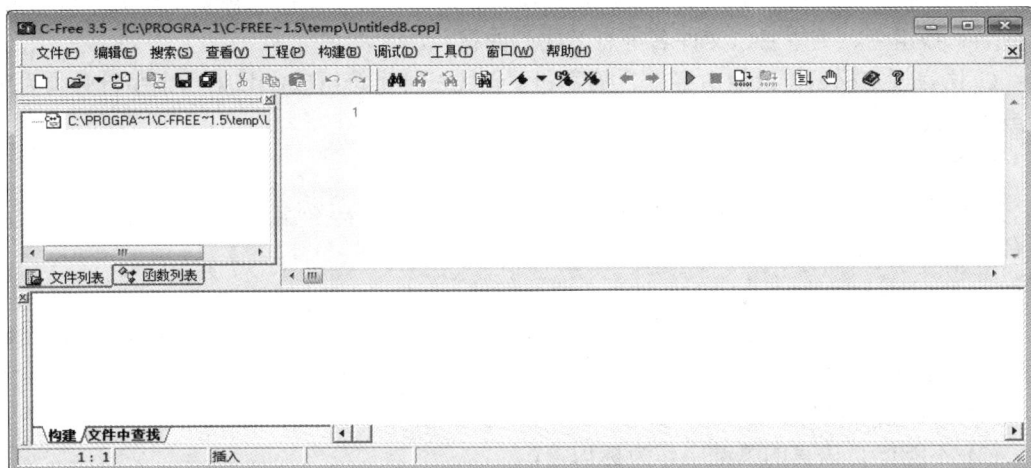

图 1.4　C-Free 界面

1.3　项目分析与实现

1. 项目分析

现在我们来帮助李聪实现他的第一个 C 语言程序。本项目涉及的知识点比较少，通过例 1-1，即可轻松地完成第一个 C 语言程序的编写。

2. 项目实现

代码如下：

```
/*  目的：第一个 C 语言程序
    作者：lzr
    创建时间：2020 年 9 月 8 日*/
#include <stdio.h>
main( )
{
    printf("Hello,我是李聪.\n 这是我的第一个 C 程序！\n ");
}
```

1.4 知 识 延 伸

1.4.1 标识符

简单地说，标识符就是一个名字，和其他高级语言一样，是用来标识变量名、常量名、函数名、数组名、类型名、文件名等有效序列的符号。

C 语言规定标识符只能由字母、数字和下画线三种字符组成，且第一个字符必须为字母或下画线。

例如，正确的标识符：

    sum, _total, Class, month123, score_2

不合法的标识符：

    M#, ￥123,a>b, 2average

后面的编程过程中基本都会涉及给变量、常量、函数、数组、文件名等命名的问题，此时需要注意以下几点：

(1) 要严格遵循标识符的定义。

(2) 不能把 C 语言的关键字作为标识符。

(3) 标识符严格区分大、小写字母，一般使用小写字母。例如，Score 和 score 是两个标识符，C 语言会认为是两个不同的量。

(4) 标识符命名时尽可能做到"见名知意"。例如，要定义"姓名"变量，就可以将其取名为"name"，也可以使用拼音，取名为"xingming"，简便些可以取首字母，即将"xm"作为标识符。

1.4.2 简单输出

所谓输出，是以计算机为主体，从计算机向外部设备即显示器、打印机、磁盘等输出数据。C 语言本身没有输出语句，输出数据是通过函数来实现的。C 语言标准函数库中提供了基本的输出函数，比如 printf()函数。这里仅介绍它的简单输出功能，具体的使用在后面的项目中会做详细介绍。

printf()函数简单输出的格式如下：

    printf("需要输出的内容");

例如：

    printf("I am a student. ");

其输出结果是：

    I am a student.

又如：

    printf("Hi!\nMy name is licong! ");

其输出结果是：

> Hi!
>
> My name is licong!

可以看到这两条输出语句最大的区别就是第二个语句中多了"\n"，"\n"有换行的作用，如果需要换行表示，就在换行处加"\n"，若有多处需要换行表示，就加多个"\n"。

【例 1-2】 使用 printf( )函数的简单输出功能完成如图 1.5 所示的五子棋游戏界面程序的编写。

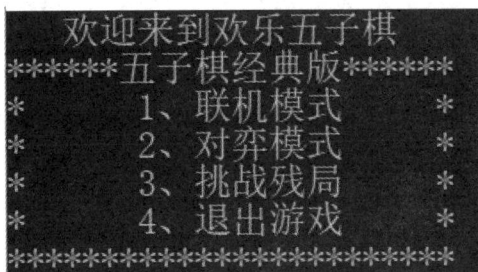

图 1.5　五子棋游戏界面

分析：从图 1.5 可以看出，需要使用换行来实现 6 行的表达，其他按原样进行输出即可。代码如图 1.6 所示。

```
1 #include <stdio.h>
2 main()
3 {
4 printf("    欢迎来到欢乐五子棋    \n");
5 printf("******五子棋经典版******\n");
6 printf("*      1、联机模式      *\n");
7 printf("*      2、对弈模式      *\n");
8 printf("*      3、挑战残局      *\n");
9 printf("*      4、退出游戏      *\n");
10 printf("***********************\n");
11 }
```

图 1.6　例 1-2 的代码

程序说明：

(1) 这段程序里使用了标准输入/输出库函数的输出函数 printf( )，因此在程序的开头必须使用头包含命令，即"#include <stdio.h>"或者"#include "stdio.h ""(因为这是一条命令，所以末尾不能加分号)。

(2) 要实现多行的表达，所以使用了具有换行功能的"\n"。

1.5　知 识 总 结

(1) C 语言中的标识符只能由字母、数字和下画线三种字符组成，且第一个字符必须为字母或下画线。

(2) C 语言的保留字也称为关键字，常用的有 auto、break、case、char、continue、default、do、double、else、float、for、if、int、long、return、short、switch、sizeof、static、struct、void、while、typedef。

(3) 一个 C 语言程序由若干个函数组成，这些函数可以在任意位置，但必须包含且只能有一个 main()函数，而且一个 C 语言程序总是从 main()函数开始执行，在 main()函数中结束。而函数又由若干条语句构成，每条语句都以分号作为结束。一条语句可以写在多行上，且一行上可以写多条语句。特别要注意的是，C 语言程序是严格区分大、小写字母的。

(4) 一个 C 语言程序的上机过程：先编写源程序(.c 或 .cpp)；再通过系统将源程序进行编译，生成目标程序(.obj)；最后进行连接，形成可执行程序(.exe)。

1.6　试　一　试

1. 模仿例 1-2"五子棋游戏"界面的实现代码，独立设计一个"简易成绩管理信息系统"界面(见图 1.7)，并编写代码实现。

```
***** 简易成绩管理信息系统 *****
*        1、输入成绩          *
*        2、存储成绩          *
*        3、显示成绩          *
*        4、计算平均成绩       
*        5、求最高分          *
*        6、求最低分          *
*        7、计算不及格率       *
*        0、退出系统          *
**********************************
```

图 1.7　"简易成绩管理信息系统"界面

2. 用 C 语言设计一款游戏登入的模拟界面。

"试一试"参考答案

2 项目2 制作简易计算器

知识目标

(1) 了解 C 语言的基本数据类型。
(2) 掌握 C 语言的基本数据类型及常量、变量的定义方法。
(3) 掌握 C 语言的运算符种类、运算规则、运算优先级和结合性。
(4) 熟悉 C 语言的算术表达式及其使用方法。
(5) 掌握 C 语言中标准的输入/输出函数格式。

能力目标

(1) 能正确选择合适的方式存储数据。
(2) 能准确计算 C 语言程序中的算术表达式。
(3) 能用 printf( )函数和 scanf( )函数实现数据的输出和输入。
(4) 能编写一些简单运算的应用程序。

2.1 项 目 导 入

李聪想用 C 语言编程制作一个简易计算器，通过该简易计算器，任意输入两个实数，能够计算出这两个实数的和、差、积、商，并且输出结果。程序效果如图 2.1 所示。

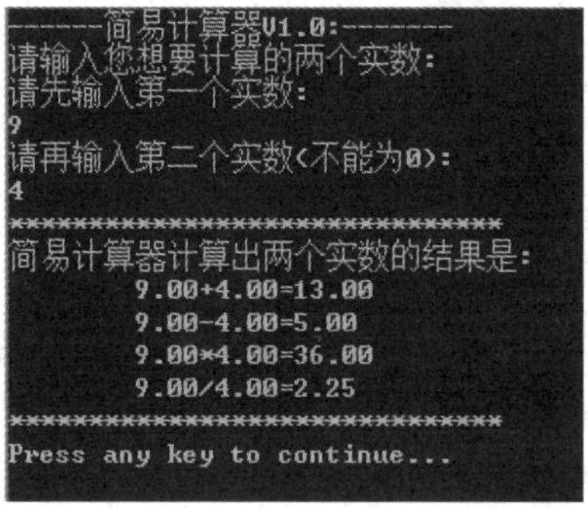

```
----------简易计算器V1.0:----------
请输入您想要计算的两个实数:
请先输入第一个实数:
9
请再输入第二个实数<不能为0>:
4

简易计算器计算出两个实数的结果是:
        9.00+4.00=13.00
        9.00-4.00=5.00
        9.00*4.00=36.00
        9.00/4.00=2.25
**********************************
Press any key to continue...
```

图 2.1 简易计算器的程序效果

通过本项目的学习，请帮助李聪用 C 语言完成一个简易计算器。

2.2　知　识　导　航

2.2.1　C语言的数据类型

　　数据是计算机算法处理的对象，以某种特定的形式存在。数据与数据之间存在某种关系，这种数据间的关系就是数据结构。C语言的数据结构是以数据类型的形式出现的，不同类型的数据有不同的使用场合，所以读者在使用这些数据之前，必须弄清楚数据的类型。C语言的数据类型如图2.2所示。

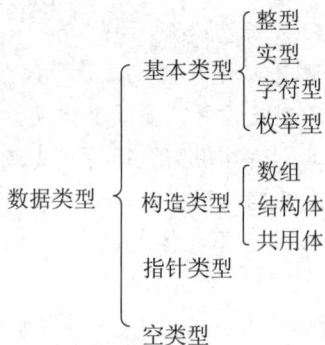

```
              ┌ 整型
              │ 实型
        基本类型 ┤ 字符型
              └ 枚举型

数据类型 ┤       ┌ 数组
        构造类型 ┤ 结构体
              └ 共用体
        指针类型

        空类型
```

图 2.2　C语言的数据类型

　　初学者应首先掌握基本数据类型，即整型、实型、字符型等。构造类型和指针类型会在后面的项目中介绍。下面重点介绍C语言基本数据类型中的整型、实型以及字符型数据的使用。

2.2.2　常量

1. 常量的定义

常量是指在程序运行过程中，其值不能被改变的量。

2. 常量的分类

常量可分为以下几类：

(1) 整型常量，如8、0、−8。

(2) 实型常量，如2.5、−2.5。

(3) 字符型常量，如'a'、'A'。

(4) 字符串常量，如"a"、"abcdef"。

(5) 符号常量，即用一个标识符代表一个常量，如用P表示3.14。符号常量的使用后面会有详细的介绍。

视频：常量和变量

3. 整型常量的三种表示方法

整型常量的表示方法如下：

(1) 十进制整数：如12 345、−234、0。

(2) 八进制整数：以 0 开头的数，如 0123 表示八进制数的 123，即$(123)_8$。

(3) 十六进制整数：以 0x 开头的数，如 0x1234 表示十六进制数的 1234，即$(1234)_{16}$。

4. 实型常量的表示方法

在 C 语言中，把带小数点的数称为实数或浮点数。

(1) 十进制小数形式：由数字和小数点组成，如 3.141 59、−1.2、8.19 等都是十进制小数形式。

(2) 指数形式：如 12e5 或者 12E5 都代表 12×10^5，0.001 23 用指数形式可以表示为 1.23E−3。

注意：

① 字母 e 或 E 之前必须有数字。

② e 或 E 后面的指数部分必须是整数。

如：e3.1、1.8E2.1、e−5.1 都是不合法的。

5. 字符型常量

字符型常量由一对单引号括起来的单个字符构成，例如，'A'、'c'、'2'、'*'、' ; '等都是有效的字符型常量。一个字符型常量的值是该字符集中对应的 ASCII 字符编码值(详见附录 1)，例如在 ASCII 字符集中，字符常量 '0'~'9' 的 ASCII 编码值是 48~57。显然字符 '0' 与数字 0 的意义是不同的。

C 语言中还允许用一种特殊形式的字符常量，即以反斜杠"\"开头的字符序列。printf( )函数中的 '\n' 代表"回车换行"符。这类字符称为"换码序列"或"转义字符"，意思是将反斜杠"\"后面的字符转换成另外的意义。换码序列见表 2.1。

表 2.1 换 码 序 列

换码序列	意　义	换码序列	意　义
\n	回车换行	\0	空值(NULL)
\t	横向跳格字符(即跳到下一个输出区)	\ddd	1~3 位八进制数所代表的字符
\xhh	1、2 位十六进制数所代表的字符	\"	双引号
\'	单引号	\r	回车，将当前位置移到本行开头
\v	竖向跳格	\\	反斜线
\f	换页	\b	左退一格

6. 字符串常量

字符串常量是由一对双引号括起来的字符序列，例如 "program"、"A"、"book" 都是字符串常量，双引号仅起定界符的作用，并不是字符串中的字符。字符串常量中不能直接包括单引号、双引号和反斜杠"\"，若要使用，可参照换码序列中介绍的方法。

字符串常量与字符型常量的主要区别如下：

(1) 字符串常量是用双引号括起来的字符序列。

(2) 字符串常量在内存中存储时有串尾标记符号"\0"(系统默认)。

2.2.3　变量

变量是指在程序运行过程中其值可以被改变的量。变量的名字称为变量名。变量在内存中占据一定的存储空间，在该存储空间中存放的值称为变量值。变量被定义为不同的数据类型，不同类型的变量在内存中占用不同的存储单元数。编程时，用变量名来标识变量，变量的命名必须遵循标识符的定义规则，而且变量在使用前必须进行定义，否则无法通过编译。

2.2.4　整型变量

1. 整型变量的分类

整型变量可用来存放整型数据(即不带小数点的数)。

1) 分类

根据占用内存字节数的不同，整型变量分为 4 类，如图 2.3 所示。平时使用较多的是基本型(int)和长整型(long int 或 long)。

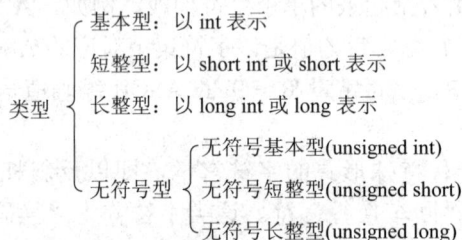

图 2.3　整型变量的分类

2) 占用内存字节数与值域

上述各类型的整型变量占用的内存字节数，随操作系统位数的不同而异。一般的情况是：以一个机器字(word)存放一个 int 型数据，long 型数据的字节数应不少于 int 型数据，short 型数据的字节数不应多于 int 型数据。在 32 位操作系统中，一般用 4 字节存放一个 int 型变量。可以用 sizeof(数据类型)函数查看计算机上该数据类型占用的内存字节数。

【例 2-1】　查看数据类型的大小。

程序如下：

```
#include "stdio.h"
main( )
{
    printf("%d\n%d\n%d\n",sizeof(int), sizeof(short), sizeof(long));
}
```

程序运行结果如下：

```
4
2
4
```

运行环境：一台运行 32 位操作系统的计算机。

2. 整型变量的定义

整型变量的定义格式如下：

```
类型说明符　变量名标识符;
```

常用的整型类型说明符有 int，long 或 long int，short int 或 short 等。变量标识符其实就是变量名。比如定义一个整型变量："int a;"。

当出现多个变量是同一类型时可以逐个定义，也可以用逗号分开统一定义。比如定义三个整型变量：

方法 1：

```
int a;

int b;

int c;
```

方法 2：

```
int a, b, c;
```

方法 1 和方法 2 是等效的。

也可以用同样的方法定义其他类型的整型变量，如：

```
long x, y;              //x、y 为长整型变量

unsigned p, q;          //p、q 为无符号整型变量
```

3. 整型变量的赋值

定义好了一个整型变量，相当于该变量已经在内存具有存储空间了，接下来就是往该存储空间里写入数值，即给变量赋值。

1) 赋值运算符

C 语言的赋值运算符是 "="，它的作用是将赋值运算符右边表达式的值赋给其左边的变量。

例如 "x=10;y=x+5;"，前者是把常量 10 赋给变量 x，后者是将表达式 x+5 的值赋给变量 y。

2) 变量赋值方式

为变量赋值有两种方式：一是变量初始化，即在定义变量的同时给变量赋初值；另一种方式是先定义变量的数据类型，然后在执行语句体中给变量赋值。

(1) 定义和赋值同时进行，即初始化：

```
int a=5;

long   b=10;
```

(2) 先定义，后赋值：

```
int a, b, c;

a=2;

b=5;

c=10;
```

注意：在定义变量的时候，若对几个变量同时赋同一个值，不能采用连等方式进行赋值。例如：

```
int   x=5, y=5, z=5; (正确)
int   x=y=z=5; (错误)
int a1, a2, a3; (正确)
a1=a2=a3=8; (正确)
```

以上是通过赋值运算符"="进行赋值的方式，但是在实际应用中，经常需要通过接受键盘输入的数值来获得变量的值，此时采用赋值符号的方式就行不通了，所以后面还会重点讲解如何通过输入函数 scanf( )进行赋值。

4. 整型变量的使用

整型变量的使用有多种方式。可以在整型常量和整型变量之间进行各种运算，比如+、−、*、/、% 等；也可以直接输出变量的值或者输出运算结果。使用变量时直接使用其变量名即可。

例如：

```
int a;          //定义整型变量 a
a=10;           //将变量 a 赋值为 10
a=a+5;          /*使用变量，用变量已有的值 10 和 5 进行加法运算，将结果 15 赋值给变量 a，
                  则变量 a 变成了 15*/
```

整型变量的另一种使用方式是将变量的运算结果输出在显示器上，这需要借助函数库中的输出函数 printf( )来完成。

2.2.5 实型变量

1. 实型变量的分类

实型变量又称为浮点型变量，其按能够表示数的精度大小可分为单精度浮点型变量和双精度浮点型变量。

2. 实型变量的定义形式

实型变量的定义和整型变量的定义的不同之处就在于类型名不一样，单精度的类型名为 float，而双精度的类型名为 double。

实型变量的定义形式如下：

```
float/double    变量名 1，变量名 2，…;
```

比如：

```
float   a, b;              /*单精度变量的定义，定义了 a，b 两个实数*/
double  c, d;              /*双精度变量的定义，定义了 c，d 两个实数*/
```

单精度浮点型变量和双精度浮点型变量之间的差异，仅仅体现在所能表示的数的精度上。一般系统中单精度浮点型数据占 4 个字节，有效位为 7 位，数值范围为 $10^{-37} \sim 10^{38}$；而双精度浮点型数据占 8 个字节，有效位为 15 或 16 位，数值范围约为 $10^{-307} \sim 10^{308}$。

实型常量不存在单精度和双精度之分。当将一个实型常量赋给一个实型变量时，C 语言根据该实型变量的类型来截取常量中相应的有效位数字。

3. 实型变量赋值

实型变量和整型变量一样，可以通过赋值运算符"="进行赋值，方法如下：

方法 1：

```
float/double    a, b;
a=23.1;
b=789.5;
```

方法 2：

```
float/double    a=23.1, b=789.5;
```

这两种赋值方法是等价的。

4. 实型变量的使用

实型变量同整型变量的使用方法一样，这里不做阐述。

简易计算器变量的定义方法如下：

```
float num1, num2;            /*num1 是运算数 1 的变量名，num2 是运算数 2 的变量名*/
float he, cha, ji, shang;    /*he 是和的变量名，cha 是差的变量名，ji 是积的变量名，shang
                             是商的变量名*/
```

2.2.6　字符型变量

实际工作中碰到的问题不仅仅是数值问题，还有字符问题，比如译密码。例如：为了使电文保密，往往按照一定规律将其转化为密码，收报人按约定的规律将其译为原文。现有如下译码规则：把输入的英文字母变成其在字母表后面的第 4 个字母，例如 A→E，B→F，a→e，b→f。另外，姓名、性别以及联系地址等都需要用字符型数据来表达。

为了解决这些问题，先学习如下知识。

1. 字符型变量的定义形式

字符型变量的定义形式如下：

```
char    变量名 1, 变量名 2, …, 变量名 n;
```

例如：

```
char    c1, c2, c3, ch;
c1='a'; c2='b'; c3='c'; ch='d';
```

或者定义为：

```
char c1='a', c2='b', c3='c', ch='d';
```

这样定义和赋值虽然正确，但初学者很容易写成以下几种错误的表达：

```
char c; c="a";          (错误 1)
char c; c="china";      (错误 2)
```

这两种错误是因字符变量和字符串变量概念混淆导致的。千万不能把一个字符串赋值给一个字符变量。

2. 变量值的存储

一个字符型变量用来存放一个字符，在内存中占一个字节。实际上，将一个字符常量赋给一个字符变量，并不是把该字符本身放到内存单元中，而是将该字符的 ASCII 码放到内存单元中。

3. 字符型变量的特点

字符型变量具有以下特点：

(1) 一个字符型变量可以字符形式输出，也可以整数形式输出。

【例 2-2】 字符型变量的字符形式输出和整数形式输出。

程序如下：

```
/*程序功能：用字符形式和整数形式输出字符变量*/
#include <stdio.h>
main( )
{
    char ch1, ch2;
    ch1='a'; ch2='b';
    printf("ch1=%c, ch2=%c\n", ch1, ch2);
    printf("ch1=%d, ch2=%d\n", ch1, ch2);
}
```

程序运行结果如下：

```
ch1=a, ch2=b
ch1=97, ch2=98
```

(2) 字符型变量可进行算术运算，其本质是对字符的 ASCII 码值进行算术运算。

【例 2-3】 字符型变量的算术运算。

程序如下：

```
/*程序功能：字符型变量的算术运算*/
#include <stdio.h>
main( )
{
    char ch1, ch2;
    ch1='a'; ch2='B';
    /*字母的大小写转换*/
    printf("ch1=%c, ch2=%c\n", ch1-32, ch2+32);
    printf("ch1=%d, ch2=%d\n", ch1-32, ch2+32);
}
```

程序运行结果如下：

```
ch1=A, ch2=b
ch1=65, ch2=98
```

2.2.7 算术运算符和算术表达式

1. 基本算术运算符

基本算术运算符有 +、-、*、/ 和 %。

说明：

(1) 上述运算符均为双目运算符(有两个操作数)。

(2) 在"a / b"运算中，若操作数 a 和 b 均为整数，则执行取整运算，舍去小数部分；若 a 和 b 中至少有一个是实数，则执行除法运算，结果是商值。

例如：

```
1/2=0;
1.0/2=0.500000;
```

(3) "a%b"是求余数运算，要求 a 和 b 必须均为整数，"%"运算符不能用于其他数据类型的运算。

例如：

```
5%3＝2;
```

2. 算术表达式

(1) 优先级：一个表达式中如有多个运算符，则计算的先后次序为相应运算符的优先级高的优先。乘、除、取模的优先级高于加、减的优先级，即先乘、除、取模，后加、减。

(2) 结合方向：当一个运算对象两侧的运算符的优先级别相同时，应以从左至右的结合方向进行运算。

3. 算术表达式书写上的几个注意事项

C 语言算术表达式的书写形式与数学表达式的书写形式有一定的区别：

(1) C 语言算术表达式的乘号(*)不能省略。

例如：数学表达式 $y = x^2 + 2x - 2$，相应的 C 语言算术表达式应该写成 y=x*x+2*x-2。初学者很容易将其写成数学表达式。

(2) C 语言算术表达式中只能出现字符集允许的字符。

例如，数学表达式 πr^2，相应的 C 语言算术表达式应该写成 PI*r*r(其中 PI 是已经定义的符号常量)。

(3) C 语言算术表达式只使用圆括号改变运算的优先顺序。

可以使用多层圆括号，此时左、右括号必须配对，运算时从内层括号开始，由内向外依次计算表达式的值。

简易计算器的算术表达式如下：

```
he=num1+num2;        //加法运算
cha=num1-num2;       //减法运算
ji=num1*num2;        //乘法运算
shang=num1/num2;     //除法运算
```

2.2.8　格式输出函数(printf( )函数)

1. printf( )函数功能

printf( )函数用于向终端(显示器)输出若干个任意类型的数据。

视频：printf( )函数

2. printf( )函数格式

printf( )函数格式如下：

```
printf("格式控制",输出列表);
```

1) 格式控制

"格式控制"部分是由英文状态下的双引号括起来的字符串，主要包括格式说明和普通字符。例如：

```
printf("全班同学总分是%f\n",sum);
```

格式说明由"%"和格式字符组成，如%d 和%f 等，其作用是将要输出的数据转换为指定格式后输出。格式说明总是由"%"字符开始的，printf( )函数中使用的格式字符如表2.2 所示。

表 2.2　printf( )函数格式字符

格式字符	功　　能
d	按十进制形式输出带符号的整数(正数前无"+"号)
c	按字符形式输出一个字符
f	按十进制形式输出单、双精度浮点数(默认为 6 位小数)
s	输出以'\0'结尾的字符串
o	按八进制形式无符号输出(无前导 0)
x	按十六进制形式无符号输出(无前导 0x)
e	按指数形式输出单、双精度浮点数
ld	长整型输出
md	按宽度 m 输出，右对齐
-md	按宽度 m 输出，左对齐
m.nf	按宽度 m，n 位小数，或截取字符串前 n 个字符输出，右对齐
-m.nf	按宽度 m，n 位小数，或截取字符串前 n 个字符输出，左对齐

普通字符，即需要原样输出的字符。例如，上面 printf( )函数中双引号内的"全班同学总分是"及换行标识"\n"就是普通字符。

2) 输出列表

printf( )函数中的"输出列表"是要输出的一些数据，它们可以是表达式，这些表达式应与"格式控制"字符串中的格式说明符的类型一一对应，若"输出列表"中有多个表达式，则每个表达式之间应由逗号隔开。

例如：

```
printf("a=%d,b=%f",a,b);
```

说明：假如 a=3，b=4，"格式控制"部分中含有两个控制格式，即"%d"和"%f"，普通字符为"a="和"b="，而输出列表里有 a 和 b，故最后输出的结果是 a=3,b=4.000000。

【例2-4】 将整型变量 a 进行运算后输出到显示器上。

程序如下：

```
#include <stdio.h>
main( )
{
    int   a;                     //定义整型变量 a
    a=10;                        //对变量 a 赋值为 10
    a=a+5;                       //使用变量，用变量已有的值 10 和 5 进行加法运算
    printf("%d\n",a);            //输出 a 变量
}
```

程序运行结果如下：

```
15
```

若把程序修改如下：

```
#include <stdio.h>
main( )
{
    int   a;                     //定义整型变量 a
    a=10;                        //对变量 a 赋值为 10
    a=a+5;                       //使用变量，用变量已有的值 10 和 5 进行加法运算
    printf("a=%d\n",a);          //输出 a 变量
}
```

程序运行结果如下：

```
a=15
```

【例2-5】 写出下列程序的输出结果。

程序如下：

```
#include <stdio.h>
main( )
{
    int a=5,b=7;
    float x=67.6321,y=-789.123;
    printf("%d%d\n",a,b);
    printf("%3d%3d\n",a,b);
    printf("%-3d%-3d\n",a,b);
    printf("%d,%d\n",a,b);
    printf("%f    %f\n",x,y);
    printf("%-10f%-10f\n",x,y);
    printf("%-10.2f%-10.2f\n",x,y);
    printf("%.1f%.1f\n",x,y);
}
```

程序运行结果如图 2.4 所示。

图 2.4   例 2-5 的程序运行结果

简易计算器输出结果的实现如下:

```
printf("\t%.2f+%.2f=%.2f\n",num1,num2,he);
printf("\t%.2f-%.2f=%.2f\n",num1,num2,cha);
printf("\t%.2f*%.2f=%.2f\n",num1,num2,ji);
printf("\t%.2f/%.2f=%.2f\n",num1,num2,shang);
```

2.2.9   格式输入函数(scanf( )函数)

1. scanf( )函数功能

scanf( )函数用来输入(从键盘)任何类型的数据,可以同时输入多个同类型的或不同类型的数据。

视频: scanf( )函数

2. scanf( )函数格式

scanf( )函数格式如下:

```
scanf("格式控制", 地址列表);
```

1) 格式控制

"格式控制"部分是由双引号括起来的字符串,它主要由"%"和格式字符组成,如%f、%d 等,其作用是将输入数据转换为指定格式后存入由地址列表所指的相应变量中。scanf( )函数中使用的格式字符如表 2.3 所示。

表 2.3   scanf( )函数格式字符

格式字符	功　能
d	输入十进制整数(int)
ld	输入十进制整数(long int)
c	输入单个字符(char)
s	输入字符串(char)
f	输入单精度的浮点数(float)
lf	输入双精度的浮点数(double)
o	输入八进制整数
x	输入十六进制整数
e	输入浮点数(指数形式)

2) 地址列表

scanf( )函数中的"地址列表"部分是由变量的地址组成的，若有多个变量需要输入，则各变量之间用逗号隔开。地址运算符为"&"，如变量 a 的地址可以写为"&a"。例如：

```
int a;float b;scanf("%d%f",&a,&b);
```

3. 说明

(1) scanf( )函数"格式控制"部分中的每个格式说明都必须在"地址列表"中有一个变量与之对应。

如上例中"%d"与"&a"对应，"%f"与"&b"对应。而且，格式说明必须与相应变量的类型一致，即 a 变量是整型，则对应的控制格式是%d，b 变量是实型，则对应的控制格式是%f。

(2) 当格式说明之间没有任何字符时，在输入数据时，两个数据之间要使用"空格""Tab"或"回车"作间隔；如果格式说明之间包含其他字符，则输入数据时，应输入与这些字符相同的字符作间隔。例如：

```
scanf("%d, %f", &i, &f);
```

在输入数据时，应采用如下形式：

```
20, 7.8
```

(3) 在输入字符型数据时，由于"空格"也作为有效字符输入，因此不需要用"空格"作间隔，只输入一个字符即可。

【例 2-6】 输入 3 个字母，分别赋给 a、b、c 变量。

程序如下：

```c
#include <stdio.h>
main( )
{
    char   a,b,c;
    printf("请输入 3 个字母，分别赋给 a,b,c 变量");
    scanf("%c%c%c", &a, &b, &c);
    printf("a=%c, b=%c, c=%c\n", a, b, c);
}
```

请读者自行分析该程序。

2.3 项目分析与实现

1. 项目分析

现在利用本项目中的知识来帮助李聪实现简易计算器功能。本项目的要求是：用户任意输入两个实数，简易计算器能够计算出它们加、减、乘、除的结果，并将结果输出在显示器上。

1) 定义变量

首先分析需要多少个变量才能满足此项目数据的存储，以及这些变量用来存放什么类型的数据，再根据实际应用确定变量的类型并为之命名。

简易计算器项目需要定义几个什么类型的变量呢？首先，用户要输入两个实数，就要定义两个实型变量来存放这两个数据，变量名应见名知意，例如定义为 num1 和 num2。用户可能输入整数，也可能输入小数，所以可以把 num1 和 num2 定义为 float 类型(double 类型也可以，仅是表示数据的精度更高)。还需要存放 num1 和 num2 的 4 个计算结果，则还需要定义 4 个变量，变量名可以取 he、cha、ji、shang，它们应为实型变量。

具体实现语句如下：

```
float num1, num2;
float he, cha, ji, shang;
```

或者写成：

```
float num1, num2, he, cha, ji, shang;
```

2) 变量赋值

定义好变量之后，就要为变量赋值，可以直接赋值，也可以通过 scanf( )函数让用户输入任意实型数据。

本项目以用户输入的方式给 num1 和 num2 赋值，这样程序的通用性较好。为了提高程序的可读性和清晰性，可以输出一些必要的提示语句。

具体实现语句如下：

```
printf("请输入您想要计算的两个实数:\n");
printf("请先输入第一个实数:\n");
scanf("%f",&num1);
printf("请再输入第二个实数(不能为 0):\n");
scanf("%f",&num2);
```

3) 数据处理

定义好变量，并且通过 scanf( )函数为变量赋值之后，就可以进行两个实数间的加、减、乘、除运算了。同时，把计算结果赋值给 he、cha、ji、shang 4 个变量。

具体实现语句如下：

```
he=num1+num2;
cha=num1-num2;
ji=num1*num2;
shang=num1/num2;
```

4) 输出结果

最后使用 printf( )函数输出计算结果。因为编程的目的就是让计算机帮助用户处理数据以得出正确的结果。

具体实现语句如下：

```
printf("\t%.2f+%.2f=%.2f\n",num1,num2,he);
printf("\t%.2f-%.2f=%.2f\n",num1,num2,cha);
printf("\t%.2f*%.2f=%.2f\n",num1,num2,ji);
printf("\t%.2f/%.2f=%.2f\n",num1,num2,shang);
```

2. 项目实现

代码如下：

```
/*目的：简易计算器
    作者：lzr
    创建时间：2020 年 9 月 11 日*/
#include <stdio.h>
void main( )
{
    float num1,num2;                    //运算数 1，运算数 2
    float he,cha,ji,shang;              // he,cha,ji,shang 分别代表保存加、减、乘、除运算的结果
    printf("------简易计算器 V1.0:-------\n");
    printf("请输入您想要计算的两个实数:\n");
    printf("请先输入第一个实数:\n");
    scanf("%f",&num1);
    printf("请再输入第二个实数(不能为 0):\n");
    scanf("%f",&num2);
    he=num1+num2;
    cha=num1-num2;
    ji=num1*num2;
    shang=num1/num2;
    printf("******************************\n");
    printf("简易计算器计算出两个实数的结果是:\n");
    printf("\t%.2f+%.2f=%.2f\n",num1,num2,he);
    printf("\t%.2f-%.2f=%.2f\n",num1,num2,cha);
    printf("\t%.2f*%.2f=%.2f\n",num1,num2,ji);
    printf("\t%.2f/%.2f=%.2f\n",num1,num2,shang);
    printf("******************************\n");
}
```

2.4　知 识 延 伸

2.4.1　数据类型转换

在 C 语言中，整型(int, long)、实型(float, double)和字符型(char)数据间可以进行各种混合运算(前面已经讲过字符型数据与整型数据之间可以互相转换)。如果一个运算符两侧操作数的数据类型不同，则系统按"先转换为同一类型，后运算"的原则进行处理。数据类型转换的方法有两种：系统自动转换和人为强制转换。

视频：知识延伸

1. 系统自动转换

系统自动转换发生在不同类型的数据进行混合运算时，由编译系统自动完成数据类型。转换规则如图 2.5 所示。

图 2.5 中箭头的含义：向左的横向箭头表示即使同一种数据类型进行运算，也要进行转换，用于提高计算精度(例如，两个 float 型数据相加时，都先转换成 double 型数据，再进行运算)；向上的纵向箭头表示当运算对象类型不

```
高    double←float
          ↑
         long
          ↑
低    int←char, short
```

图 2.5 数据类型转换规则

同时的转换方向。例如 int 型数据与 double 型数据相乘时，系统会先将 int 型数据转换成 double 型数据，再将两个 double 型数据相乘，结果为 double 型数据。

例如：

```
int a=3;
double b=4,c;
c=a+b;
```

程序运行结果如下：

```
7.000000
```

总之，对不同类型的数据，系统会自动进行类型转换，所以整型数据、实型数据、字符型数据间可以进行混合运算。例如：

```
2+'B'+1.5*4-1*'a'+1.0/2
```

请读者自行分析该表达式的运算结果是什么。

在进行混合运算时，不同类型的数据首先要转换成同一类型，然后才能进行运算，而这种转换最终转化成整型数据和浮点型数据之间转换的问题。自动转换规则如下：

(1) 当单、双精度浮点型数据赋给整型变量时，浮点型数据的小数部分将被舍弃。

(2) 当整型数据赋给浮点型变量时，数值上不发生任何变化，但有效位增加。

(3) 如果算术运算符的两个运算对象都为整型数据，那么运算将按照整型数据的运算规则来进行，这就意味着对于除法运算来说，其结果的小数部分将被舍弃。在这种情况下，即使将整型数据赋给浮点型变量作为运算结果也是一样的，结果的小数部分也将被舍弃。

例如：

```
float b;
int a=8;
…
b=20/a;
```

b 的结果是 2.0，而不是 2.5。

(4) 只要某个运算对象中有一个是浮点型数据，其运算就将按照浮点型数据的运算规则来进行，即运算结果的小数部分被保留下来。

2. 人为强制转换

人为强制转换是通过类型转换运算来实现的。强制类型转换运算符是将已给表达式转换成所需类型。例如：

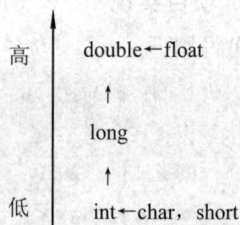

"(int)a"表示将 a 的结果强制转换为整型量；

"(int)(x+y)"表示将 x+y 的结果强制转换为整型量；

"(float)a+b"表示将 a 的内容强制转换为浮点数，再与 b 相加。

一般形式：

> (类型说明符)(表达式)

功能：把表达式的结果强制转换为类型说明符所表示的类型。

说明：

(1) 类型说明和表达式都需要加括号(单个变量可以不加括号)。

例如，(int)x+y 和(int)(x+y)的意义完全不一样。

(2) 系统自动转换、人为强制转换都是临时转换，不改变数据本身的类型和值。

【例 2-7】　强制类型转换。

程序如下：

```c
#include <stdio.h>
main( )
{
    float x;
    int i;
    x=3.6;
    i=(int)x;
    printf("x=%f,i=%d\n",x,i);
}
```

程序运行结果如下：

```
x=3.600000,i=3
```

2.4.2　复合赋值运算

为了简化程序并提高编译效率，C 语言允许在赋值运算符"="之前加上其他运算符，这样就构成了复合赋值运算符。

复合赋值运算符有 +=、-=、*=、/=、%=。

凡是二目运算符，都可以与赋值运算符一起组合成复合赋值符，比如 >>=、<<=、&=、^=、|= 这 5 种是有关位运算的，这些内容将在项目 3 中介绍。

复合赋值运算表达式的格式如下：

> <变量> <复合运算符> <表达式>

功能：对赋值运算符左、右两边的运算对象进行指定的算术运算符运算，再将运算结果赋予左边的变量，满足自右向左的结合性。

例如：

"a+=b"等价于"a=a+b"；

"a-=b"等价于"a=a-b"；

"a*=b"等价于"a=a*b"；

"a/=b" 等价于 "a=a/b";

"a%=b" 等价于 "a=a%b";

"x*=y+2" 等价于 "x=x*(y+2)";

"x/=x+y" 等价于 "x=x/(x+y)"。

总结要点如下:

复合赋值运算符右边的表达式是一个运算"整体",不能把它们分开,可以理解成带括号的表达式。

例如:"a*=b+1" 等价于 "a=a*(b+1)",不能把 "a*=b+1" 理解为 "a=a*b+1"。

2.5　知 识 总 结

(1) C 语言的数据类型如图 2.2 所示。

(2) 常量是指在程序运行过程中,其值不能被改变的量。

(3) 字符常量是由一对单引号括起来的单个字符构成的;字符串常量是由一对双引号括起来的若干字符序列构成的。

(4) 变量是指在程序运行过程中其值可以被改变的量。一个变量的三要素:变量类型、变量名、变量值。变量在使用之前必须进行定义。

(5) 基本数据类型变量的定义格式:

　　类型说明符　变量名标识符;

(6) 基本数据类型的输入/输出格式控制说明如图 2.6 所示。

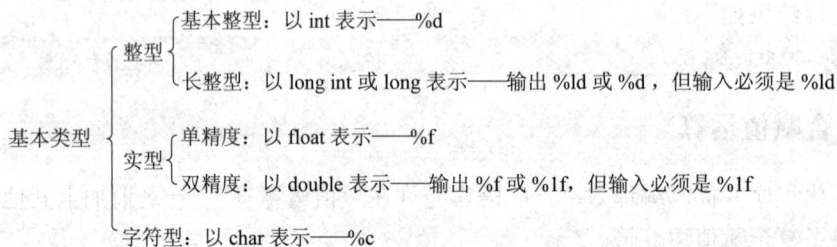

```
                    ┌ 基本整型: 以 int 表示——%d
          ┌ 整型 ┤
          │        └ 长整型: 以 long int 或 long 表示——输出 %ld 或 %d , 但输入必须是 %ld
          │
基本类型 ┤        ┌ 单精度: 以 float 表示——%f
          │ 实型 ┤
          │        └ 双精度: 以 double 表示——输出 %f 或 %1f, 但输入必须是 %1f
          │
          └ 字符型: 以 char 表示——%c
```

图 2.6　基本数据类型的输入/输出格式控制说明

(7) 输入函数 scanf( )的格式:

　　scanf("格式控制",地址列表);

(8) 输出函数 printf( )的格式:

　　printf("格式控制",输出列表);

(9) 在 "a/b" 运算中,若操作数 a 和 b 均为整数,则执行取整运算,舍去小数部分;若 a 和 b 中至少有一个是实数,则执行除法运算,结果是商值。"a%b" 是求余数运算,要求 a 和 b 必须均为整数,"%" 运算符不能用于其他数据类型的运算。

(10) 数据类型转换方法有两种:一种是系统自动转换,转换规则为 char→int→float→double;另一种是人为强制转换,转换格式为 "(类型说明符)(表达式)"。

2.6　试　一　试

1. 假定个人所得税的征收依据如下：按工资收入的 15% 征收个人所得税。编写一个程序，当从键盘输入职工工资时，计算出实发工资并输出。

2. 编程实现密码翻译。要求输入 5 个字符，然后将它们译成密码，最后输出该密码。密码规则是：原来的英文字母用其在字母表后面第 4 个字母代替。例如，字母 "A" 在字母表后面的第 4 个字母是 "E"，则用 "E" 代替 "A"。因此若输入 5 个字符 "China"，最后输出应为 "Glmre"。

3. 华氏温度转化为摄氏温度的公式为 C=(F−32)×5/9，请编写程序，输入一个华氏温度，输出相应的摄氏温度，注意数据类型转换。

4. 编写程序，要求输入一个三位整数，分别输出它的个位、十位、百位。

5. 编写一个身体状况测评器的程序。要求从键盘上输入学号、性别、身高、体重，然后输出体重指数。

体重指数的计算公式如下：

$$体重指数 = \frac{体重(公斤)}{身高(米)的平方数}$$

该身体状况测评器运行效果图如图 2.7 所示。

图 2.7　身体状况测评器运行效果图

"试一试" 参考答案

3

项目 3 制作五子棋游戏菜单界面

💲 **知识目标**

(1) 了解 C 语言的程序控制结构的分类。

(2) 了解 C 语言中的关系运算符和逻辑运算符及其表达式。

(3) 了解关系运算符和逻辑运算符的运算规则以及优先级。

(4) 掌握 C 语言中的选择结构语句的几种形式以及使用方法。

(5) 掌握 C 语言中的循环结构语句的几种形式以及使用方法。

(6) 掌握 C 语言中的条件运算符与条件表达式的使用方法。

(7) 掌握 C 语言中的逗号运算符与逗号表达式的使用方法。

(8) 了解 C 语言中的位运算符与位运算的运算规则。

🔍 **能力目标**

(1) 能使用关系运算符和逻辑运算符构造实际应用中的表达式。

(2) 能使用 if、if…else 和 switch 语句实现选择结构。

(3) 能使用 for、while、do…while 语句实现循环结构。

(4) 能灵活使用条件表达式、逗号表达式和位运算解决实际应用中的问题。

(5) 能合理利用选择结构语句和循环结构语句解决实际应用中的问题。

3.1 项 目 导 入

李聪在读中学时就很喜欢玩一些益智游戏，在娱乐的过程中，他也在不断地思考。很多游戏都有主界面，登入后可以选择游戏等级或模式，也可以很方便地退出游戏。在玩游戏时，要不断选择进入下一级，也可以回到主界面，进入不同的游戏模式以选择不同的游戏方式，若不想玩这种模式，又可以退回主界面重新选择自己喜欢的模式。这主要包括选择、连续选择、最后退出三种操作。李聪想用 C 语言实现这样的功能。

请帮助李聪用 C 语言完成一个如图 3.1 所示的能够进行重复选择的五子棋游戏菜单界面。

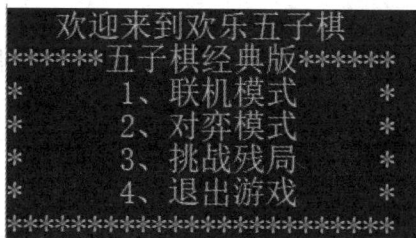

图 3.1　五子棋游戏菜单界面

3.2　知　识　导　航

3.2.1　C 语言程序的语句结构

C 语言是一种结构化程序设计编程语言，它和其他结构化高级语言一样，具有三种基本结构：顺序结构、选择结构(分支结构)、循环结构。这三种结构贯穿于 C 语言程序，单独存在或者以结合的方式存在。

所谓顺序结构，就是指按照程序语句出现的先后顺序执行的一种结构。项目 2 中涉及的程序基本都是顺序结构。在实际应用中，经常会出现根据需要进行选择的情况，还有可能出现反复选择的情况，这就需要使用选择结构和循环结构来实现。本项目重点介绍选择结构和循环结构。

无论是使用选择结构还是使用循环结构，在编写程序的过程中都有一项很重要的工作，就是准确地表达条件。所以，在学习选择结构和循环结构之前，应先学习和表达条件相关的运算符以及运算符的运算规则。和表达条件相关的运算符主要是关系运算符和逻辑运算符，主要的表达式是条件表达式。条件表达式的值只有"真"和"假"两种取值，由于在 C 语言中规定"非零即真"，因此只要条件表达式的值不为 0，即认为该表达式的值为"真"。

1. 关系运算符与表达式

关系运算符实际就是比较运算符，对参与运算的两者进行比较，结果要么为真，要么为假。

1) 关系运算符

C 语言提供了 6 种关系运算符，如图 3.2 所示。

```
<    （小于）
<=   （小于或等于）    优先级相同(高)
>    （大于）
>=   （大于或等于）

==   （等于）         优先级相同(低)
!=   （不等于）
```

图 3.2　6 种关系运算符

视频：关系运算和逻辑运算

2) 优先级关系

(1) 图 3.2 中所示的关系运算符，前 4 个优先级相同，后 2 个也相同，且前 4 个高于后

2个。

(2) 与已经学习过的运算符的优先级关系：关系运算符的优先级低于算术运算符，高于赋值运算符。

优先级由低到高排列：赋值运算符→关系运算符→算术运算符。

例如：若a=3，b=4，c=5，求c>a+b的值。

因为该表达式含有关系运算符和算术运算符，但算术运算符优先级高，所以先算a+b=3+4=7，再用a+b的结果与c做比较，即5>7，显然为假，故结果为0。

3) 关系表达式

由关系运算符构成的表达式称为关系表达式。关系表达式的条件为"真"时结果为"1"，条件为"假"时结果为"0"。

例如：若a=3，b=4，c=5，求a=b>c+1的值。

该表达式含有赋值运算符、关系运算符、算术运算符，根据它们之间的优先级关系，应该先算c+1，结果为6，再进行关系运算，b>6，显然4不大于6，计算后结果为0，最后对0进行赋值运算，得出a=0，把a原有的值3覆盖了。整个表达式的结果为0。

尤其要注意关系运算符中等于(==)和不等于(!=)的使用。这是读者学习关系运算符过程中最容易出错的两个运算符。

比如判断整数x是否为偶数。

我们都很清楚能被2整除的数就是偶数。那么如何用C语言的表达式来表示呢？换一种思维，取2的余数为0的数就是偶数，x取2的余数很容易表达成x%2，取出来的余数要与0做比较，如果和0相等，那么x是偶数，这时表达式应该写成x%2==0，而不是x%2=0，"="是赋值运算符而不是关系运算符。同时读者也可以这样思考，一个整数取2的余数，结果要么是1，要么是0，也就是说，如果x取2的余数不为1，那么x是偶数，故表达式可写成x%2!=1。

关系运算符只能描述单一条件，即谁和谁进行比较。但是实际应用中经常会出现多种条件描述，只用关系运算符很难表达出来。比如，数学中比较常见的表达式$1 \leqslant x \leqslant 10$，即x既要大于等于1，又要小于等于10，这个关系就不是两者之间的比较，而是三者之间的比较了。用关系运算符无法表达三者及三者以上间的关系，接下来要介绍的逻辑运算符才能解决这样的问题。

2. 逻辑运算符与表达式

如果a>b且x>y，这样的条件无法用单一关系运算符来描述，下面我们引入逻辑运算符来解决此问题。

1) 逻辑运算符

C语言提供了以下3种逻辑运算符。

(1) &&：逻辑与(相当于"同时，且")。

(2) ||：逻辑或(相当于"或者")。

(3) !：逻辑非(相当于"否定")。

逻辑运算符的运算规则如下：

(1) a&&b&&c…&&n：只有当a，b，c，…，n均为真(非0)的时候，运算结果才为真；

只要 a，b，c，…，n 中的一个为假，运算结果就为假。

(2) a||b||c…||n：只有当 a，b，c，…，n 均为假(0)的时候，运算结果才为假；只要 a，b，c，…，n 中的一个为真，运算结果就为真。

(3) !a：若 a 为非零数，则!a 的结果为 0；若 a 为 0，则!a 的结果为 1。

2) 优先级关系

(1) 逻辑非的优先级最高，逻辑与次之，逻辑或最低，即(由高到低排列)

$$! (逻辑非) → \&\&(逻辑与) → ||(逻辑或)$$

(2) 与其他种类运算符的优先级关系(由高到低排列)：

$$! → 算术运算符 → 关系运算符 → \&\& → || → 赋值运算符$$

例如：若 a=0，b=4，c=5，求 x=a+1||b&&c>2||!0 的值。

因为该表达式含有关系运算符、算术运算符以及逻辑运算符和赋值运算符，根据这些运算符间优先级的关系可知!的优先级最高，即先算!0，结果为 1：

$$x=a+1||b\&\&c>2||1$$

接下来计算算术运算符的表达式 a+1，结果为 1：

$$x=1||b\&\&c>2||1$$

再下来计算关系运算符的表达式 c>2，因为 c=5，故结果为 1：

$$x=1||b\&\&1||1$$

再进行逻辑运算，因为&&优先于||，所以先计算 b&&1，又因为 b=4 为非零数，即理解为真(1)，故 b&&1=1：

$$x=1||1||1$$

最后剩下两个或运算，根据或运算的运算规则可知最后结果为 1：

$$x=1$$

通过上面这个简单的例子，读者可以进一步理解目前所学的运算符间的关系。

3. 条件表达式的表示

在构造条件表达式时，常用的构造方法有以下几种：

(1) 对于简单地表示比较的条件，利用关系运算符就可以轻松构造。例如，表示"学生的语文成绩在 90 分以上"这个条件，就可以使用表达式 chinese>90；表示"学生的数学成绩在 95 分以下"这个条件，则可以使用表达式 math<95。

(2) 如果要表示比较复杂的条件，则可以使用逻辑运算符将多个关系表达式组合起来。例如，要表示"学生的语文成绩在 90 分以上，并且数学成绩在 95 分以下"这个条件，就可以使用逻辑运算符与关系运算符来构造表达式 chinese>90&&math<95。

(3) 对于更复杂的条件，可以使用"( )"和逻辑、关系运算符来构造条件表达式。

例如：从键盘上任意输入一个字符 ch，判断该字符是否是大写字母，写出 ch 是大写字母的条件表达式。"ch 是大写字母"这个条件可以转化成数学模型，即 'A'≤ch≤'Z'，用自然语言来描述就是 ch 大于等于 A 且小于等于 Z，写成条件表达式为 ch>='A'&&ch<='Z'。

现在进一步来表达，写出 ch 是字母的条件表达式。

数学表达形式：'A'≤ch≤'Z' 或 'a'≤ch≤'z'。

自然语言描述：ch 大于等于 A 且小于等于 Z，或者 ch 大于等于 a 且小于等于 z。

条件表达式: (ch>='A'&&ch<='Z')||(ch>='a'&&ch<='z')。

由关系运算符和逻辑运算符结合构造条件表达式的实际应用很多,比如判断一个数是否是素数或水仙花数,判断某年份是闰年还是平年等。

【例 3-1】 设整型变量 year 中存放年份的值,现在构造一个条件表达式,使当 year 的值为闰年时为"真",否则为"假",即判断年份 year 是否是闰年。

根据数学知识,闰年应满足下面两个条件之一: ① 年份值能被 4 整除,但不能被 100 整除; ② 年份值能被 400 整除。所以:

情况①可以用表达式 year%4==0&&year%100!=0 表示。

情况②可以用表达式 year%400==0 表示。

两个表达式的或运算可以用一个逻辑表达式来表示:

$$(year\%4==0\&\&year\%100!=0)||(year\%400==0)$$

其中括号可以省略,但有括号更易于理解。此条件也可以使用下面等价的表达式来表示:

$$year\%4==0\&\&year\%100!=0 ||year\%400==0$$

3.2.2 选择结构程序设计

选择结构也称为分支结构,是指在程序的执行过程中,根据不同的条件选择执行不同的分支程序。根据分支程序的数目可以将选择结构分成单分支、双分支、多分支 3 种情况。

视频: if分支结构

1. if (表达式) 语句——单分支结构

单分支结构的含义是: 如果条件 C 为"真",则执行语句 P,否则执行后续语句。其格式如下:

```
if(条件 C)
    P;
```

例如:

```
if(a>b)
    a=10;
printf("%d",a);
```

单分支结构程序的执行过程如图 3.3 所示。

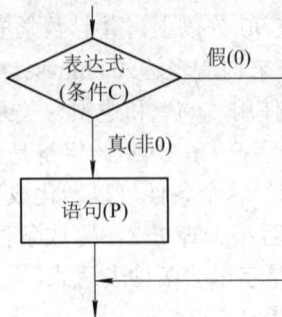

图 3.3　单分支结构程序的执行过程

说明：

(1) 条件 C 就是条件表达式；

(2) P 语句可以是一条语句，也可以由多条语句构成。需要注意的是，如果由多条语句构成，就要加上花括号"{}"。花括号中的多条语句也称为复合语句。

2. if (表达式) 语句 1 else 语句 2——双分支结构

双分支结构的含义是：如果条件 C 为"真"，则执行语句 P1，否则执行语句 P2。其格式如下：

```
if(条件 C)
    P1;
else
    P2;
```

注意：如果 P1 或 P2 是由多个语句构成的语句块，则可以使用花括号"{}"将语句块括住构成复合语句，在 if 语句中该复合语句被视为一个语句。在复合语句中可以包含其他任何语句，如果再包含 if 语句，则构成 if 语句的嵌套。

双分支结构程序的执行过程如图 3.4 所示。

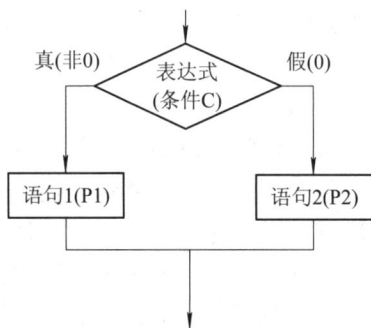

图 3.4 双分支结构程序的执行过程

例如：

```
if(a>b)
    printf("%d",a);
else
    printf("%d",b);
```

【例 3-2】 通过键盘输入两个整数以后，在屏幕上输出较大数。

分析：这个问题很简单，先输入两个数 a 和 b，然后进行比较，若 a 比 b 大，则输出 a，否则输出 b。

程序如下：

```
#include <stdio.h>
void main( )
```

```
{
    int a,b;
    printf("请输入任意两个整数 a,b: \n");
    scanf("%d,%d",&a,&b);
    if(a>=b)
        printf("较大者: %d\n",a);
    else
        printf("较大者: %d\n",b);
}
```

程序运行结果如图 3.5 所示。

图 3.5　例 3-2 的程序运行结果

【例 3-3】　通过键盘输入一个年份，判断该年份是否是闰年，若是，则输出"某某年是闰年！"，否则输出"某某年不是闰年！"。

在解决问题之前我们先来了解一下闰法。在古代，我国历法家把十九年定为计算闰年的单位，称之为"一章"，在每一章里有七个闰年。也就是说，在十九年中，有七年是十三个月。这种闰法虽然采用了一千多年，但它还不够周密、精确。公元 412 年，北凉赵厞创立的《元始历》才打破了岁章的限制，规定在 600 年中插入 221 个闰月。可惜的是，赵厞的改革并没有引起当时人们的注意。在公元 443 年著名历法家何承天创立《元嘉历》时，还是采用了十九年七闰的古法。祖冲之吸取了赵厞的先进理论，再加上他自己的观察，认为十九年七闰的闰数过多，每两百年就要差一天，而赵厞六百年二百二十一闰的闰数又显稍稀，也不十分精密。于是，他提出了三百九十一年内一百四十四闰的新闰法，这个闰法在当时算是最精密的了。

分析：根据数学知识，闰年应满足下面两个条件之一：① 年份值能被 4 整除，但不能被 100 整除；② 年份值能被 400 整除。

程序如下：

```
#include <stdio.h>
main()
{
    int   year;
    printf("请输入任意一个年份: \n");
    scanf("%d",&year);
    if(year%4==0&&year%100!= 0||year%400==0)
        printf("%d 年是闰年\n",year);
```

```
    else
        printf("%d 年不是闰年\n",year);
    }
```

请读者自行测试上面这段程序，在测试的时候尝试测试是闰年的年份和不是闰年的年份。

3. if 的多分支语句——多分支结构

if 的多分支语句格式如下：

```
    if(表达式 1)    语句 1
    else if(表达式 2)    语句 2
        else if(表达式 3)    语句 3
            ⋮
            else if(表达式 m)    语句 m
                else    语句 n
```

if 的多分支语句的执行过程如图 3.6 所示。

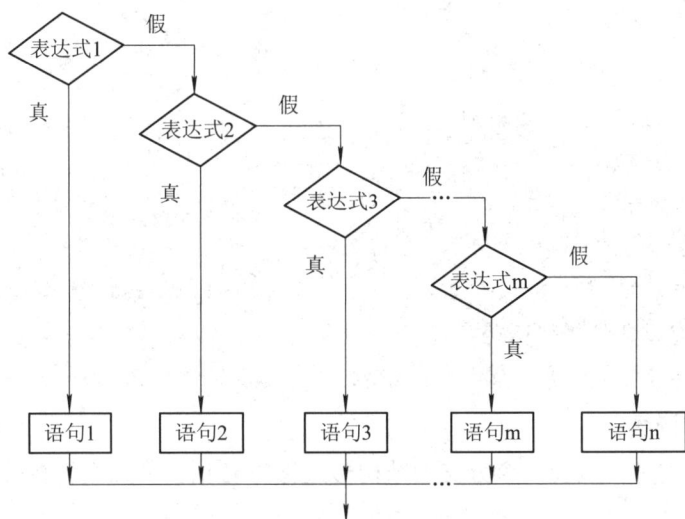

视频：if 的多分支
语句和嵌套

图 3.6　if 的多分支语句的执行过程

【例 3-4】 有一个函数，当 x＜0 时，函数值 y=−1，当 x＞0 时，函数值 y=1，当 x=0 时，函数值 y=0。编写一个程序，输入任意一个 x 值，输出 y 值。

分析：

第一步，变量定义。

第二步，输入变量 x 的值。

第三步，判断 x 的值。若 x＜0，则 y=−1；若 x=0，则 y=0；若 x＞0，则 y=1。

第四步，输出 y 值。

这样的函数可以用三条单分支语句来完成。

程序如下:

```
#include <stdio.h>
void main( )
{
    int x,y;
    printf("请输入任意整数 x:\n");
    scanf("%d",&x);
    if(x<0)   y=-1;
    if(x==0)   y=0 ;
    if(x>0)   y=1;
    printf("当 x=%d 时,y=%d\n" ,x,y);
}
```

实际上也可以利用 if 的多分支语句来实现。

程序如下:

```
#include <stdio.h>
void main( )
{
    int x,y;
    printf("请输入任意整数 x:\n");
    scanf("%d",&x);
    if(x<0)   y=-1 ;
    else if(x==0)   y=0 ;
        else   y=1;
    printf("x=%d,y=%d\n",x,y);
}
```

4. if 语句的嵌套

一个分支结构中再嵌套一个分支的结构形式称为 if 语句的嵌套。嵌套的形式也是多样化的。

【例 3-5】 通过键盘输入 3 个整数以后,在屏幕上输出最大数。

分析: 使用 int 型的 3 个变量 a、b、c,且对输入的 3 个整数两两逐个比较,求出最大数。

程序如下:

```
#include <stdio.h>
void main( )
{
    int   a,b,c,max;
    printf("请输入 3 个整数: \n");
    scanf("%d%d%d",&a,&b,&c);
    if(a>b)
```

```
            if(a>=c)   max=a;
            else       max=c;
        else
            if(b>=c)   max=b;
            else       max=c;
        printf("a,b,c 三个数中最大值=%d\n",max);
    }
```

程序运行结果如图 3.7 所示。

图 3.7　例 3-5 的程序运行结果

说明：当出现 if 语句的嵌套时，就会出现多个 if 和 else，在 C 语言编译环境中，系统总是将 else 和最近的 if 配套，即"就近原则"配套。

5. switch 语句

例如学生成绩分类问题(90 分以上为"优秀"，80～89 分为"良好"，70～79 分为"中等"，60～69 分为"及格"，60 分以下为"不及格")，可以用 if 的多分支语句来处理，也可以用 if 的单分支结构来实现。两种方法的实现过程如下：

视频：switch 语句

程序 1(用 if 单分支结构将成绩的百分制转换成等级制)：

```
#include <stdio.h>
main( )
{
    int   cj;
    printf("请输入一个百分制的期末成绩\n");
    scanf("%d",&cj);
    if(cj>=90)   printf("优秀\n");
    if(cj>=80&&cj<90)   printf("良好\n");
    if(cj>=70&&cj<80)   printf("中等\n");
    if(cj>=60&&cj<70)   printf("及格\n");
    if(cj<60)           printf("不及格\n");
}
```

程序 2(用 if 的多分支语句将成绩的百分制转换成等级制)：

```
#include <stdio.h>
main( )
{
    int   cj;
```

```
    printf("请输入一个百分制的期末成绩\n");
    scanf("%d",&cj);
    if(cj>=90)    printf("优秀\n");
    else if(cj>=80)    printf("良好\n");
        else if(cj>=70)    printf("中等\n");
            else if(cj>=60)    printf("及格\n");
                else    printf("不及格\n");
    }
```

无论是使用单分支结构的程序 1，还是使用多分支结构的程序 2，其分支数都较多，且嵌套的 if 语句层数多，程序冗长且可读性差。C 语言提供的 switch 语句可以直接处理多分支选择问题。

switch 语句的格式如下：

```
    switch(表达式)
    {
        case 常量表达式 1: 语句组 1; break;
        case 常量表达式 2: 语句组 2; break;
                ⋮
        case 常量表达式 i: 语句组 i; break;
                ⋮
        case 常量表达式 n: 语句组 n; break;
        default: 语句组 n+1;
    }
```

说明：该语句的功能是先计算表达式的值，然后逐个与常量表达式进行比较。当与第 i 个常量表达式的值相同时，则执行语句组 i；执行完语句组 i 以后，如果后面有 break 语句，则结束 switch 语句，否则继续执行后续语句。当表达式的值与所有常量表达式的值均不同时，如果有 default 子句，则执行语句组 n+1，否则退出 switch 语句。

使用 switch 语句时应注意以下几点：

(1) 表达式的数据类型必须与常量表达式的数据类型一致，且必须是整型和字符型中的一种。

(2) 一般情况下，如果没有特殊的设计要求，每个 case 子句后的 break 语句不可少，否则无法构成真正的多分支结构。

(3) 各 case 和 default 子句的先后次序可以任意，不影响程序运行结果。

(4) 当出现多个相同的 case 语句时，只需要写最后一个 case 语句，前面的分支语句可以省略。

(5) 用 switch 语句实现的多分支结构程序，可以用 if 或 if 语句的嵌套来实现，反之则不一定。

现在使用 switch 语句实现上述任务。程序如下：

```
    #include <stdio.h>
    void main( )
```

```
{
    int cj,n;
    printf("请输入一个百分制的期末成绩\n");
    scanf("%d",&cj);
    n=cj/10;
    switch(n)
    {
        case 10 :
        case 9: printf("优秀");break;          /*前面两个 case 可以执行同一组语句*/
        case 8: printf("良好");break;
        case 7: printf("中等");break;
        case 6: printf("及格");break;
        default: printf("不及格");break;
    }
}
```

3.2.3　循环结构程序设计

　　实际中经常用到循环控制。比如：输入密码时，如果第一次输入出错，还可以输入第二次、第三次等；玩电脑游戏选择游戏级别时，也可以进行多次选择；输入学生成绩或职工工资等都需要不断重复同样的操作。可以说几乎所有实用的程序都包含循环。循环结构是结构化程序设计的一种重要结构，主要用来处理需要重复执行的语句，它是结构化程序设计的三种基本结构之一，它和顺序结构、选择结构共同作为各种复杂程序的基本结构单元。循环结构的基本语句有 while 语句、do…while 语句、for 语句。下面首先介绍在循环中经常要用的循环变量的自增和自减运算，如表 3.1 所示。

表 3.1　自增和自减运算

运算符	运算方法	运算结果	优先级	结合级	说　明
++	a++或++a	a 的值增 1	相同	自右至左	a++(a--)：称为后置运算符，表达式的值为 a 原来的值，但 a 的值增加(减少)1。 ++a(--a)：称为前置运算符，a 的值先增加(减少) 1，并将新值作为表达式的值
--	a--或--a	a 的值减 1			

例如：
```
int a=5,b;
b=++a;          //执行该语句后 a=6，b=6
```
若改成：
```
b=a++;          //执行该语句后 a=6，b=5
```
　　如果把上例中的运算符改成--，请读者自行思考执行上述语句后 a 和 b 的结果是什么。

说明:

(1) ++、--为单目运算符。

(2) ++、--只能用于变量的运算,不能用于常量或表达式。比如(a+b)++或者 9--等都是错误的表达式。

(3) 结合性是自右至左进行结合。比如"-a++;"等价于"-(a++);"。

阅读下列程序,思考最后的输出结果是什么。

```c
#include <stdio.h>
main( )
{
    int i,j,m,n;
    i=8;
    j=10;
    m=++i;
    n=j++;
    printf("%d, %d , %d , %d \n",i,j,m,n);
}
```

根据判断循环条件的语句的位置不同,循环结构可以分为"当型循环"结构和"直到型循环"结构。"当型循环"结构先进行条件判断,如条件为真,则执行循环体,否则循环语句就结束;执行完循环体以后,再进行条件判断,以决定是否继续执行循环体。"直到型循环"结构先执行循环体一次,然后进行条件判断,以决定是否继续执行循环体。

视频:while 语句和
do…while 语句

1. while 语句

while 语句用来实现"当型循环"结构,其语句格式如下:

```c
while(条件表达式 C)
{
    语句 P;
}
```

执行过程如图 3.8 所示。

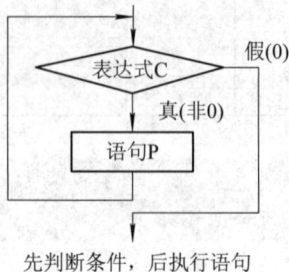

先判断条件,后执行语句

图 3.8　while 语句的执行过程

当表达式 C 为真时，执行语句 P。如果语句 P 是复合语句，则一定要用"{}"括起来。

2. do...while 语句

do...while 语句属于"直到型循环"结构，其语句格式如下：

```
do
{
    语句P;
}while(循环条件表达式C);   //这个分号不能丢
```

执行过程如图 3.9 所示。

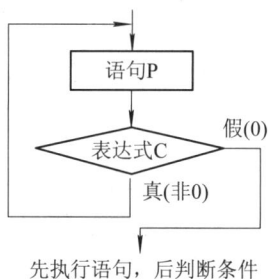

先执行语句，后判断条件

图 3.9 do…while 语句的执行过程

先执行语句 P 一次，再判断循环条件表达式 C，如果表达式 C 为真，则重新执行循环语句 P，如此反复，直到表达式 C 的值等于 0(假)，循环结束。

3. for 语句

for 语句是 C 语言的特色，它也属于"当型循环"结构，其语句格式和执行过程如图 3.10 所示。图中：①代表循环变量赋初值；②表示循环结束条件；③代表循环语句；④表示修改循环变量的值。

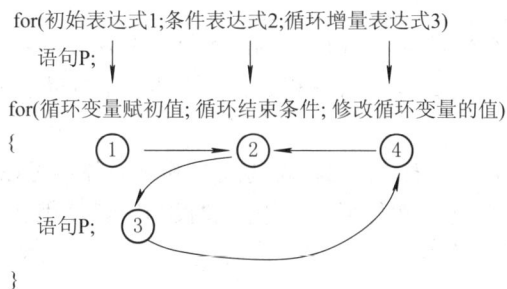

视频：for 语句

图 3.10 for 语句格式和执行过程

for 语句的执行过程是先求解初始表达式 1，再判断条件表达式 2，若为真，则执行语句 P，然后计算循环增量表达式 3，再重复判断条件表达式 2，直到条件表达式 2 为假，循环结束。其中的增量表达式 3 在循环语句中起控制循环执行次数的作用。

学习完 3 种循环结构语句的语法后，请看下面的例题。

【例 3-6】 通过编程计算 $sum = 1 + 2 + 3 + \cdots + 100$ 的值。

分析：由于 1～100 的累计和在做加法的过程中不断地变化，因此可以使用变量 sum

来存储所求得的和，并置初值为"0"。

算法执行流程以及实现的代码如图 3.11 所示。

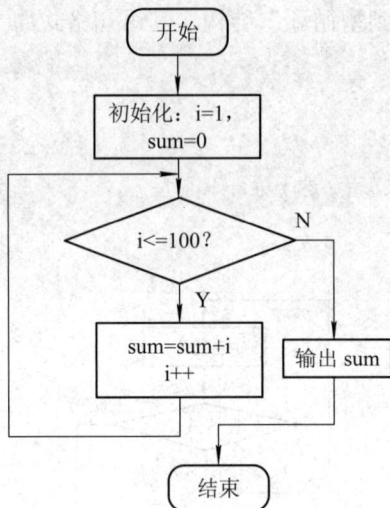

图 3.11 例 3-6 的算法执行流程以及实现的代码

while 语句	do…while 语句	for 语句
| ```c
void main( )
{
    int i,sum;
    sum=0;
    i=1;
    while(i<=100)
    {
        sum=sum+i;
        i =i+1;
    }
    printf("%d",sum);
}
``` | ```c
void main( )
{
    int i,sum;
    sum=0;
    i=1;
    do
    {
        sum=sum+i;
        i++;
    }while(i<=100);
    printf("%d",sum);
}
``` | ```c
void main( )
{
    int i,sum;
    sum=0;
    for(i=1;i<=100;i=i+1)
        sum=sum+i;
        printf("%d",sum);
}
``` |

请读者根据上述 3 种循环语句自行分析、比较，并结合上面的例题，思考计算公式 n!
的 3 种实现方法。

因为 for 语句中表达式 1、表达式 2、表达式 3 和循环体均可以省略，所以 for 语句在
使用上有多种形式，下面归纳了几种形式。不过建议初学者使用 for 语句的一般形式，其
他形式只要阅读代码时能够读懂即可。

形式 1：表达式 1 省略。

```c
int i=1,sum=0;
for( ;i<=100;i++)        //注意分号不能省略
sum+=i;
```

形式 2：表达式 1 和表达式 3 均省略。

```c
int i=1,sum=0;
for( ;i<=100; )          //注意分号不能省略
sum+=i++;
```
```

形式 3：循环体省略。

```
for( int i=1,sum=0;i<=100; sum+=i++;)
```

表达式 2 也可以省略，也就是循环条件省略。那么，怎样结束循环语句呢？后面会介绍以 break 语句结束循环的方法。

4．循环应用举例

【例 3-7】 编程找出 1～100 之间不能被 3 整除的数，并输出。

程序如下：

```
#include <stdio.h>
main( )
{
    int i;
    for(i=1;i<=100;i++)
    if(i%3!=0)   printf("%d\n",i);
}
```

读者可以尝试把例 3-7 的程序修改成用 while 语句和 do...while 语句实现。

【例 3-8】 输入 10 个学生的英语成绩，求出这 10 个学生的英语成绩的总分和平均分，并保留两位小数输出。

程序如下：

```
#include <stdio.h>
main( )
{
    int i;
    float cj,zf,pj;
    zf=0;
    i=1;
    while(i<=10)
    {
        scanf("%f",&cj);
        zf=zf+cj;
        i++;
    }
    pj=zf/10;
    printf("总分:%.2f,平均分: %.2f\n",zf,pj);
}
```

读者可以尝试把例 3-8 的程序修改成用 for 语句和 do...while 语句实现。

【例 3-9】 求 Fibonacci 数列 40 个数。这个数列有如下特点：前两个数为 1、1，从第 3 个数开始，该数是其前面两个数之和，即

$$F1=1 \qquad\qquad (n=1)$$
$$F2=1 \qquad\qquad (n=2)$$
$$Fn= Fn\text{-}1+ Fn\text{-}2 \qquad (n\geqslant3)$$

有一个类似的有趣的古典数学问题:有一对兔子,从出生后第 3 个月起每个月都生一对兔子,小兔子长到第 3 个月后每个月又生一对小兔子。假设所有兔子都不死,问每个月的兔子总数为多少?

解此题的算法流程如图 3.12 所示。

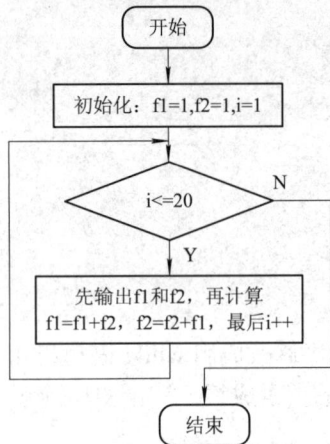

图 3.12 例 3-9 的算法流程

程序如下:

```c
#include <stdio.h>
main( )
{
    long int f1,f2;
    int i;
    f1=1;f2=1;
    for(i=1;i<=20;i++)
    {
        printf("%12ld%12ld",f1,f2);
        if(i%2==0) printf("\n");
        f1=f1+f2;
        f2=f2+f1;
    }
}
```

【例 3-10】 利用公式

$$\frac{\pi}{4} = 1 - \frac{1}{3} + \frac{1}{5} - \frac{1}{7} + \frac{1}{9} + \cdots$$

求圆周率 π 的近似值,直到最后一项的绝对值小于 10^{-6} 为止。

　　在解决问题之前我们先来了解一下我国求圆周率 π 的近似值的发展历史。秦汉以前，人们以径一周三作为圆周率，这是古率。后来人们发现古率误差太大，圆周率应是圆径一而周三有余，但究竟余多少，意见不一。魏晋时期，刘徽提出了计算圆周率的科学方法——割圆术，即用圆内接正多边形的周长来逼近圆周长。刘徽计算到圆内接 96 边形，求得 π=3.14，并指出，内接正多边形的边数越多，所求得的 π 值越精确。祖冲之在总结前人成果的基础上，经过刻苦钻研，反复演算，求出 π 在 3.141 592 6 与 3.141 592 7 之间，并得出了 π 分数形式的近似值，取 $\frac{22}{7}$ 为约率，取 $\frac{355}{113}$ 为密率，其中密率取 6 位小数是 3.141 593，它是分子、分母在 1000 以内最接近 π 值的分数。祖冲之究竟用什么方法得出这一结果的，现在无从考证。若他采用的是刘徽的"割圆术"方法则要计算到圆内接 16 384 边形，但这需要花费大量时间。由此可见，他在治学上的顽强毅力和聪明才智是令后人钦佩的。一千多年以后外国数学家才得出了与祖冲之密率相同的结果。为了纪念祖冲之的杰出贡献，有些外国数学家建议把 π 叫作"祖率"。

　　分析：问题的关键是用什么方法能最简便地求出多项式的值。经过仔细分析，发现多项式的各项是有规律的：(1) 每项的分子都是 1；(2) 后一项的分母是前一项的分母加 2；(3) 第 1 项的符号为正，从第 2 项起，每一项的符号与前一项的符号相反。找到这个规律后，就可以用循环来计算多项式的各项之和，即 π 的近似值就是多项式和的 4 倍。

　　程序如下：

```c
#include <stdio.h>
#include <math.h>
main()
{    int s=1;
    double PI=0.0;
    double n=1.0;
    double t=1.0;
    while(fabs(t)>1e-6){
        PI=PI+t;
        n=n+2;
        s=-s;
        t=s/n;
    }
    PI=PI*4;
    printf("PI=%10.8f\n",PI);
}
```

程序运行结果如图 3.13 所示。

```
PI=3.14159065
Press any key to continue...
```

图 3.13　例 3-10 的程序运行结果

5. 循环嵌套

在各循环语句中，循环体既可以是单个语句，也可以是由多个语句组成的复合语句。如果在复合语句中又包含循环语句，则构成了循环语句的嵌套，其有二重循环甚至多重循环。在处理多重循环语句时，必须注意内外层循环控制的选择。3 种循环语句(while、do…while、for)可以互相嵌套，其形式有多种，比如：

视频：循环嵌套

```
(1)    while( )
       {
           while( )
           {    }
       }
(2)    do
       {   do
           {    }while;
       }while;
(3)    for( ; ;)
       {
           for( ; ;)
           {    }
       }
(4)    while( )
       {
           do {
               }while;
       }
(5)    for( ; ; )
       {
           while
           {    }
       }
(6)    do
       {
           for( ; ;)
           {    }
       }while;
```

为了很好地使用循环嵌套，请看下面的例题。

【例 3-11】 显示图 3.14 所示的下三角九九乘法表。

分析：该乘法表要列出 1×1、2×1、2×2、3×1、3×2、3×3、…、9×9 的值，一共 9 行，第 1 行只有 1 列，第 2 行有 2 列。既要控制行又要控制列，所以需要使用二重循环来实现：第一个乘数控制行，外部循环变量 i 被赋值 1～9；被乘数控制列，内部循环变量 j 被赋值 1～i。

```
1
2    4
3    6     9
4    8     12    16
5    10    15    20    25
6    12    18    24    30    36
7    14    21    28    35    42    49
8    16    24    32    40    48    56    64
9    18    27    36    45    54    63    72    81
```

图 3.14 　下三角九九乘法表

程序如下：

```c
#include <stdio.h>
main( )
{
    int i,j;
    for(i=1;i<=9;i++)
    {   for(j=1;j<=i;j++)
            {printf("%-5d",i*j);}
        printf("\n");
    }
}
```

上面实现的是简易九九乘法表，请读者动手修改，实现图 3.15 所示的九九乘法表。

```
1×1=1
1×2=2   2×2=4
1×3=3   2×3=6    3×3=9
1×4=4   2×4=8    3×4=12   4×4=16
1×5=5   2×5=10   3×5=15   4×5=20   5×5=25
1×6=6   2×6=12   3×6=18   4×6=24   5×6=30   6×6=36
1×7=7   2×7=14   3×7=21   4×7=28   5×7=35   6×7=42   7×7=49
1×8=8   2×8=16   3×8=24   4×8=32   5×8=40   6×8=48   7×8=56   8×8=64
1×9=9   2×9=18   3×9=27   4×9=36   5×9=45   6×9=54   7×9=63   8×9=72   9×9=81
```

图 3.15 　九九乘法表

【例 3-12】 计算 $1! + 2! + 3! + \cdots + n!$，n 是从键盘输入的任意正整数。

分析：对于给定的 n(假定为 5)，此题是计算 i＝1～n 的 i! 的和，这是一个循环过程。可以发现，i!的计算又是一个循环过程。这显然是一个双重循环。用 i 来控制外层循环；用 j 来控制内层循环；引入变量 sum 表示所求的和，其初值为 0；引入变量 s 表示 i!，显然它在求某个特定的 i! 时，其初值为 1，计算完以后应加入到 sum 中。

程序如下：

```c
#include <stdio.h>
main( )
{
    int    i,j,n;
    long sum,s;
    sum=0;
    printf("请输入一个正整数 n:\n");
    scanf("%d",&n);
    for(i=1;i<=n;i++)
    {   s=1;
        for (j=1;j<=i;j++)
        s=s*j;
        sum=sum+s;
    }
    printf("%ld\n",sum);
}
```

6. 几种循环结构的小结

(1) 几种循环结构都可以用来处理同一问题,一般情况下它们可以相互代替。

(2) for 语句的功能很强大,凡是 while 语句能完成的,用 for 语句都能实现。

(3) 用 while 语句和 do…while 语句时,循环变量初始化的操作应在 while 语句和 do…while 语句之前完成。for 语句可以在表达式 1 中实现循环变量的初始化。

(4) 几种循环结构都可以用 break 语句跳出整个循环,用 continue 语句结束本次循环,直接进入下次循环。break 语句和 continue 语句的执行过程如图 3.16 所示,下面举例说明。

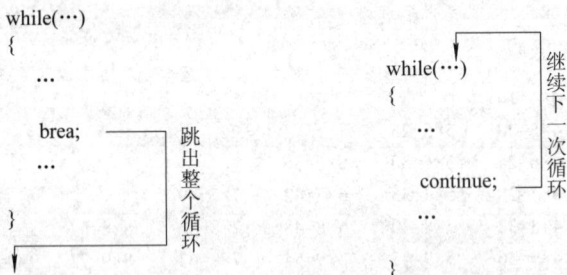

(a) break 语句的执行过程　　　(b) continue 语句的执行过程

视频:break 语句和 continue 语句

图 3.16　break 语句和 continue 语句的执行过程

程序如下:

```c
#include <stdio.h>
main( )
{
    int n;
```

```
for(n=100;n<=200;n++)
{
    if(n%3==0)
    continue; (或改写成 break;)
    printf("%d",n);
}
}
```

使用 continue 语句是结束本次循环，进入下次循环，也就是遇到能被 3 整除的数时就跳过 printf( )函数，即 continue 程序段的功能是输出 100～200 之间所有不能被 3 整除的数。而使用 break 语句是结束整个循环，也就是输出 100～200 之间第一个能被 3 整除的数就结束整个循环。

【例 3-13】　在数学课上，李老师要求同学们对给定的任意正整数进行判断，看其是否为素数。这个数学问题用 C 语言如何解决？

分析：因为素数只能被 1 及本身整除，所以判断一个大于 2 的正整数 x 是否为素数，就让 x 按顺序除以 i = 2，3，…，x−1，若 x 能被它们中的任一个除尽，就可跳出循环，因为此数一定不是素数。所以判断 x 是不是素数，可以用 i 的值来衡量，若 i = x，则 x 一定是素数，否则就不是素数。

程序如下：

```
#include <stdio.h>
main( )
{
    int i,x;
    printf("请输入一个正整数");
    scanf("%d",&x);
    for(i=2;i<=x-1;i++)
    if(x%i==0)   break;
    if(i==x)    printf("%d 是素数\n",x);
    else    printf("%d 不是素数\n",x);
}
```

掌握上面这个例子的代码后，可以再深入一些，利用循环嵌套找出 50 以内的素数，并输出。

程序如下：

```
#include <stdio.h>
main( )
{
    int i,x;
    for(x=2;x<=50;x++)
    {
```

```
        for(i=2;i<=x-1;i++)
        if(x%i==0)    break;
        if(i==x)    printf("%4d",x);
    }
    printf("\n");
}
```

程序运行结果如图 3.17 所示。

```
   2   3   5   7  11  13  17  19  23  29  31  37  41  43  47
Press any key to continue...
```

图 3.17　程序运行结果

【例 3-14】　韩信点兵：相传汉高祖刘邦问大将军韩信现统御士兵多少，韩信答，每 3 人一列余 1 人，每 5 人一列余 2 人，每 7 人一列余 4 人，每 13 人一列余 6 人，每 17 人一列余 2 人，每 19 人一列余 10 人。刘邦茫然不知其数。假如你是一位优秀的程序员，请你帮刘邦解决这一问题，求出韩信至少统御了多少士兵。

分析：韩信的回答不是直接的，而是间接的，那么就要将韩信所说的信息转换成 C 语言表达式。比如，每 3 人一列余 1 人，那么总兵数取 3 的余数是 1，以此类推，将其余信息也转换成这样的数学模型即可。最后问韩信至少统御了多少士兵，其关键字为"至少"，也就是要找出满足所有条件的最小数，于是想到用 break 语句来解决。

程序如下：

```
#include <stdio.h>
main( )
{
    int   x;
    for(x=1;  ;x++)              //循环条件省略，无法确定循环条件
    if(x%3==1&&x%5==2&&x%7==4&&x%13==6&&x%17==2&&x%19==10)
    break;
    printf("韩信统御的士兵有%d 人\n",x);
}
```

【例 3-15】　猜数字是一种古老的密码破译类小游戏。游戏者通过输入一个指定区间的数字与系统产生的随机数字进行对比，然后输出相应的结果。

具体规则是：游戏运行时产生一个 0～1000 之间的随机整数，要求用户从控制台或显示器输入所猜的数字，若输入的数字比产生的数字小，则输出"低了，再试一次!"，若输入的数字比产生的数字大，则输出"高了，再试一次!"，若输入的数字和产生的数字相等，则输出"恭喜你猜对了! 一共猜了　次"；然后询问"你要再玩一遍吗？(y or n)"，若输入 y，则重复上述过程，若输入 n，则结束游戏。

程序如下：

```
# include<stdio.h>
# include<stdlib.h>
```

```
# include<time.h>
main()
{
    int a,b,count=0;
    char c;
    srand(time(NULL));
//使随机函数每次都是随机值，假如不设定，随机出来的值与第一次随机值相同
    a=1+(rand()%1000);          //产生一个 0～1000 之间的随机整数赋给变量 a
    printf("这有一个数字从 1 到 1000.\n 你能猜出它吗？\n 输入你猜的数字.\n");
    scanf("%d",&b);
    count++;
    while(b!=-1)
    {
    if(b==a)
    {
        printf("恭喜你猜对了!一共猜了%d 次\n ",count);
        printf("你要再玩一遍吗？(y or n)");
        scanf("%c",&c);
        scanf("%c",&c);
        switch(c){
        case 'y': count=1;
                srand(time(NULL));
    //使随机函数每次都是随机值，假如不设定，随机出来的值与第一次随机值相同
a=1+(rand()%1000);
    printf("这有一个数字.\n 你能猜出它吗？\n 输入你猜的数字.\n");
                scanf("%d",&b);
                break;
        case 'n':printf("猜数字游戏结束\n");return 0;
        }
    }
    while(b<a)
    {
        printf("低了，再试一次.");
        scanf("%d",&b);
        count++;
    }
    while(b>a)
    {
        printf("高了，再试一次.");
```

```
        scanf("%d",&b);
        count++;
      }
    }
  }
```

若你对这个小游戏感兴趣，可改变一些参数继续试试，做到玩中学，学中玩。

3.3 项目分析与实现

1. 项目分析

现在运用本项目所介绍的知识来实现五子棋游戏菜单界面。本项目的要求是：用户输入数字 1～4 进行简单的菜单选择，而且可以反复选择。

1) 主界面的设计

因为读者现在所学的知识有限，所以只要求设计图案简单的界面，也就是利用键盘上有限的符号来修饰主界面，主要设计主界面的功能选择项。

2) 所需要的知识

菜单界面用 printf( ) 函数即可实现。

菜单的选择需要使用选择结构来实现，这里用分支嵌套以及开关语句来实现。

反复选择功能需要使用循环语句来实现，对错误输入的处理需要使用循环结构和选择结构来实现。

3) 输出结果

当用户选择了相应的选项后，直接输出该项功能的文字显示，并不能真正实现该项功能，要实现该项功能，读者还要继续学习相关知识。

2. 项目实现

代码如下：

```c
#include <stdio.h>
void main( )
{
  int m;
  printf("    欢迎来到欢乐五子棋    \n");
  printf("******五子棋经典版******\n");
  printf("*      1、联机模式      *\n");
  printf("*      2、对弈模式      *\n");
  printf("*      3、挑战残局      *\n");
  printf("*      4、退出游戏      *\n");
  printf("***********************\n");
```

```
        while(1)
        {
            scanf("%d",&m);
            if(m>=1&&m<=4)
            {
                switch(m)
                {
                    case 1:printf("联机模式\n");    break;
                    case 2:printf("对弈模式\n");    break;
                    case 3:printf("挑战残局\n");    break;
                    case 4:printf("退出游戏\n");    break;
                }
                printf("\n 操作成功，请再次选择功能项\n");
            }
            else
            printf("\n 选择错误，请再次选择功能项\n");
        }
        return 0;
    }
```

3.4　知　识　延　伸

3.4.1　条件运算符与条件表达式

条件运算符是 "…?…：…"，它是 C 语言中唯一的三目运算符。

1. 条件运算符的使用格式

视频：知识延伸

条件运算符的使用格式如下：

```
表达式 1?表达式 2:表达式 3
```

上述格式构成一个表达式，当表达式 1 的值为 "真" 时，表达式 2 的值为表达式的结果，否则表达式 3 的值为表达式的结果。

【例 3-16】　利用条件运算符编写程序，实现从键盘上任意输入两个正整数，输出较大者的功能。

程序如下：

```
#include <stdio.h>
main( )
{
    int a,b,max;
```

```
        printf("请输入两个正整数：\n");
        scanf("%d%d",&a,&b);
        if(a>b) max=a;
        else    max=b;
        printf("较大者是%d\n",max);
    }
```

max=(a>b)?a:b;

表达式"a>b?a:b"的值在 a 大于 b 时为 a，否则为 b，恰好计算出了 a、b 中的较大者。

思考：如果求三个正整数中的较大者，利用条件运算符该如何修改下列粗体部分的程序段？

```
    #include <stdio.h>
    main( )
    {
        int a,b,c,max;
        printf("请输入三个正整数：\n");
        scanf("%d%d%d",&a,&b,&c);
        if(a>b)
            if(a>c)   max=a;
            else      max=c;
        else
            if(b>c)   max=b;
            else   max=c;
        printf("较大者是%d\n",max);
    }
```

粗体部分的程序段可替换为

```
    max=(a>b)?(a>c?a:c):(b>c?b:c);
```

2. 条件运算符的优先级

条件运算符的优先级高于赋值运算符，但低于关系运算符和逻辑运算符，且其结合性是"自右向左"。

3.4.2　逗号运算符与逗号表达式

逗号运算符通过逗号将多个子表达式加以分隔，构成一个逗号表达式。逗号表达式的值为各子表达式中最右边表达式的值。

【例 3-17】　逗号表达式的应用。

程序如下：

```
    #include <stdio.h>
    main( )
    {
        int   a,b,c,x;
```

```
        printf("请输入 3 个整数:\n");
        scanf("%d%d%d",&a,&b,&c);
        x=(a,b,c);
            printf("x=%d\n",x);
    }
```

思考：若输入 3 个数 10、20、30，x 的值是多少？若第 4 条语句中去掉括号，则 x 的值又是多少？

3.4.3 位运算符与运算

程序中所有的数据在内存中都是以二进制的形式存储的，位运算就是直接对内存中的二进制位进行运算。C 语言提供了常用的位运算功能，Linux 内核以及一些库的实现都经常用到。对于底层开发，位运算是很重要的。比如，很多加密算法都用到位运算，在检测和控制领域中也常用到位运算，这和 C 语言的特性关系非常大，因为 C 语言具有高级语言的特点和低级语言的功能，并能完成一些汇编语言具有的功能，给开发人员提供了一定的方便。C 语言虽然不如汇编语言丰富，但也能像汇编语言一样用来编写系统程序。

C 语言提供的 6 种位运算符如表 3.2 所示。

表 3.2   位 运 算 符

运算符	含义	表达式举例	优先级
～	按位取反	~a	1 (高)
<<	左移	a<<2	2
>>	右移	a>>2	2
&	按位与	a&b	3
^	按位异或	a^b	4
|	按位或	a | b	5 (低)

1. 按位与运算符"&"

按位与运算符"&"是双目运算符。

1) 运算性质

参与运算的两个数对应二进制位相与，即两个二进制位均为 1 时，结果才为 1，否则为 0。例如，2 和 8 的按位与运算过程如下(2、8 对应的二进制分别为 0000 0010 和 0000 1000)：

$$
\begin{array}{r}
0000\ 0010 \\
\&\ 0000\ 1000 \\
\hline
0000\ 0000
\end{array}
$$

2) 使用格式

"&"的使用格式如下：

```
x&y
```

例如，2 和 8 按位与运算的测试程序如下：

```
void main( )
{
    int a=2,b=8,c;
    c=a&b;
    printf("a=%d,b=%d,c=%d",a,b,c);
}
```

程序运行结果如图 3.18 所示。

```
a=2,b=8,c=0Press any key to continue...
```

图 3.18　2 和 8 按位与运算的程序运行结果

3) 主要用途

按位与运算符通常用来对一个数的某些位清零或保留某些位。如果某些位需要清零，则该数与一个对应的清零位为 0、其余位为 1 的数相与；如果要保留某些位，则将该数与一个对应保留位为 1、其余位为 0 的数相与。

例如，把短整型变量 x 的高 8 位清零，保留其低 8 位，可作 x&255 运算(255 对应的二进制数为 0000 0000 1111 1111)。

2. 按位或运算符"|"

按位或运算符"|"是双目运算符。

1) 运算性质

参与运算的两个数对应二进制位相或，即对应的两个二进制位有一个为 1 时，结果就为 1，否则为 0。

例如，2 和 8 的按位或运算过程如下：

$$
\begin{array}{r}
0000\ 0010 \\
|\ 0000\ 1000 \\
\hline
0000\ 1010
\end{array}
$$

2) 使用格式

"|"的使用格式如下：

```
x|y
```

例如，2 和 8 按位或运算的测试程序如下：

```
void main( )
{
    int a=2,b=8,c;
    c=a|b;
    printf("a=%d,b=%d,c=%d",a,b,c);
}
```

程序运行结果如图 3.19 所示。

```
a=2,b=8,c=10Press any key to continue...
```

图 3.19 2 和 8 按位或运算的程序运行结果

3) 主要用途

按位或运算符通常用来对一个数中的某些位置 1，即将该数与一个对应置 1 位为 1、其余位为 0 的数相或。

例如，若想使短整型变量 x 的低 4 位置 1，其他位保持不变，可采用表达式 x = x|15（15 对应的二进制数为 0000 0000 0000 1111）。

3. 按位异或运算符 "^"

按位异或运算符 "^" 是双目运算符。

1) 运算性质

参与运算的两个数对应的二进制位相异或，即对应的两个二进制位不同，则结果为 1，否则为 0（异 1，同 0）。

例如，2 和 8 的按位异或运算过程如下：

$$
\begin{array}{r}
0000\ 0010 \\
^{\wedge}\ 0000\ 1000 \\
\hline
0000\ 1010
\end{array}
$$

2) 使用格式

"^" 的使用格式如下：

```
x^y
```

例如，2 和 8 的按位异或运算的测试程序如下：

```
void main( )
{
    int a=2,b=8,c;
    c=a^b;
    printf("a=%d,b=%d,c=%d",a,b,c);
}
```

程序运行结果如图 3.20 所示。

```
a=2,b=8,c=10Press any key to continue...
```

图 3.20 2 和 8 按位异或运算的程序运行结果

3) 主要用途

按位异或运算符通常用来对一个数中的某些位取反（即 1 变 0，0 变 1），即将该数与一个对应取反位为 1、其余位为 0 的数相异或。

例如,若想对短整型变量 x 的低 8 位取反,其他位保持不变,可采用表达式 x = x^255(255 对应的二进制数为 0000 0000 1111 1111)。

4. 按位取反运算符"～"

按位取反运算符"～"为单目运算符,具有右结合性。

1) 运算性质

对参与运算的数对应的二进制位按位取反,即二进制位上的 0 变 1,1 变 0。

2) 使用格式

"～"的使用格式如下:

```
～x
```

例如,表达式~9 的运算过程如下:

$$\frac{\sim 0000\ 0000\ 0000\ 1001}{1111\ 1111\ 1111\ 0110}$$

3) 主要用途

按位取反运算符通常用来对一个数按位取反(即 1 变 0,0 变 1)。

5. 左移运算符"<<"

左移运算符"<<"是双目运算符。

1) 运算性质

将 x 左移 n 位,高位丢弃,低位补 0。参与运算的数以补码方式出现。

2) 使用格式

"<<"的使用格式如下:

```
x<<n
```

例如,若想使短整型变量 x 左移 2 位,即通过 x<<2 运算把 x 的各二进制位向左移动 2 位。如 x=0000 0000 0000 0110(十进制 6),左移 2 位后为 0000 0000 0001 1000(十进制 24)。

3) 主要用途

左移时,每左移一位,相当于移位对象乘以 2。在某些情况下,可以利用左移的这一特性代替乘法运算,以加快乘法速度。

6. 右移运算符">>"

右移运算符">>"是双目运算符。

1) 运算性质

将 x 右移 n 位,低位丢弃,对于无符号整数和正整数,高位补 0;对于负整数,最高位是补 0 还是补 1 取决于编译系统的规定(VC++ 6.0 规定高位补 1)。参与运算的数以补码方式出现。

2) 使用格式

">>"的使用格式如下:

```
x>>n
```

例如,x>>2 指把 x 的各二进制位向右移动 2 位。

(1) 如 x=0001 0000(十进制 16)，右移 2 位后为 0000 0100(十进制 4)；

(2) 如 x=1111 0000(作为带符号数时为十进制−16)，右移 2 位后为 1111 1100(十进制−4)；

(3) 如 x=1111 0000(作为无符号数时为十进制 240)，右移 2 位后为 0011 1100(十进制 60)。

3) 主要用途

右移时，若右端移出的部分不包含有效数值 1，则每右移一位，相当于移位对象除以 2。在某些情况下，可以利用右移的这一特性代替除法运算。如果右端移出的部分包含有效二进制数 1，这一特性就不适用了。

注意：根据位数不同的运算数之间的运算规则，当两个运算数类型不同时，位数亦会不同。遇到这种情况，系统将自动进行如下处理：

(1) 将两个运算数右端对齐。

(2) 将位数短的一个运算数往高位扩充，即无符号数和正整数左侧用 0 补全，负数左侧用 1 补全。

(3) 对位数相等的这两个运算数按位进行位运算。

思考：以下程序的运行结果是( )。

```c
#include <stdio.h>
void main( )
{
    int a=5,b=1,t;
    t=(a<<2)|b;   printf("%d\n",t);
}
```

A. 21　　　　　B. 11　　　　　C. 6　　　　　D. 1

3.5 知识总结

(1) 关系运算符及表达式。

关系运算符实际就是比较运算符，用于对参与运算的两者进行比较。

关系运算符有：>(大于)、>=(大于等于)、<(小于)、<=(小于等于)、= =(等于)、! =(不等于)。

优先级：前 4 个优先级相同，后 2 个也相同，且前 4 个优先级高于后 2 个。

关系表达式的结果：真(1)和假(0)。

(2) 逻辑运算符及表达式。

当有多个关系需要表达的时候，应使用逻辑运算符来连接这些表达式。比如 x 大于 0 且小于等于 100，显然这里存在两个关系运算，即 x>0 且 x<=100，此时就需要使用逻辑运算符来连接这个关系。

逻辑运算符有：&& (与)、||(或)、! (非)。

优先级：! 优先于&&，&&优先于||。

运算规则：

① a&&b&&c⋯&&n：只有当 a，b，c，⋯，n 均为真(非 0)的时候，运算结果才为真；

只要 a，b，c，…，n 中的一个为假，运算结果就为假。

② 运算 a||b||c…||n：只有当 a，b，c，…，n 均为假(0)的时候，运算结果才为假；只要 a，b，c，…，n 中的一个为真，运算结果就为真。

③ !a：若 a 为非零数，则 !a 的结果为 0；若 a 为 0，则 !a 的结果为 1。

逻辑表达式的结果：真(1)和假(0)。

(3) 选择结构(分支结构)。

语句分类：

① 单分支语句：

```
if(条件 C)
    P;
```

② 双分支语句：

```
if(条件 C)
    P1;
else
    P2;
```

③ 多分支语句：if…else 嵌套的具体形式要根据实际应用而变换。

多分支语句在有些实际应用中也可以用开关语句来实现。开关语句格式如下：

```
switch(表达式)
{
    case 常量表达式 1:语句组 1;break;
    case 常量表达式 2:语句组 2;break;
            ⋮
    case 常量表达式 i:语句组 i;break;
            ⋮
    case 常量表达式 n:语句组 n;break;
    default:语句组 n+1;
}
```

(4) 循环结构。

① for 语句：

```
for(初始表达式 1;条件表达式 2;循环增量表达式 3)
    {语句 P;}
```

② while 语句：

```
while(条件表达式 C)
    {语句 P;}
```

③ do…while 语句：

```
do
    {语句 P;}
while(循环条件表达式 C);
```

④ 三种循环结构的总结：

(i) for 语句和 while 语句先判断条件，后执行语句，故循环体有可能一次也不执行，而 do…while 语句的循环体至少执行一次。

(ii) 必须在 while 语句和 do…while 语句之前对循环体变量赋初值，而 for 语句可以在表达式 1 中对循环变量赋初值。

(iii) 在循环次数已经确定的情况下，习惯用 for 语句；而对于循环次数不确定只给出循环结束条件的问题，习惯用 while 语句解决。

⑤ 循环嵌套。对于一些比较复杂的问题需要使用多重循环才能解决，其基本思想就是枚举。

(5) break 语句和 continue 语句。

① break 语句：主要用于循环次数或者循环条件未知的情况，一旦遇到此语句，就强制性终止包含该语句的循环。

② continue 语句：结束本次循环，进入下次循环。

(6) C 语言专属运算。

① ++ 和 --：对变量进行自增 1 或者自减 1 操作。

② 条件运算符的使用格式：

> 表达式 1?表达式 2:表达式 3

上述格式构成一个表达式，当表达式 1 的值为"真"时，表达式 2 的值为表达式的结果，否则表达式 3 的值为表达式的结果。

③ 逗号运算符通过逗号将多个子表达式加以分隔，构成一个逗号表达式。逗号表达式的值为各子表达式中最右边表达式的值。

3.6 试 一 试

1. 编写程序：输入一批学生的成绩，遇 0 或负数则输入结束，要求统计并输出"优秀"(分数大于或等于 85)、"通过"(分数为 60~84)和"不及格"(分数小于 60)的学生人数。

运行示例：

```
Enter scores: 88 71 68 70 59 81 91 42 66 77 83 0
>=85: 2
60-84: 7
<60: 2
```

2. 在正整数中找出被 3、5、7、9 除，余数分别为 1、3、5、7 的最小的数。

3. 设计程序：统计出 1000~9999 中符合条件的自然数的个数。条件是：千位数字上的值小于等于百位数字上的值，百位数字上的值小于等于十位数字上的值，十位数字上的值小于等于个位数字上的值，并且此四位数是偶数。

4. 利用 if 语句设计竞猜价格的游戏。要求设定物品价格，假定为 350，允许竞猜者输入价格，如果猜对，则输出"恭喜你，该物品送给你!"，如果竞猜价格比实际价格低，则提示"低了"，否则提示"高了"。

5. 某市不同车型的出租车 3 km 起步价和计费规定分别为：夏利 7 元，3 km 以外的 2.1

元/km；富康 8 元，3 km 以外的 2.4 元/km；桑塔纳 9 元，3 km 以外的 2.7 元/km。编程实现：从键盘输入乘车的车型和行车公里数，输出应付的车费。

　　6. 编写一个体重测量仪的程序。要求从键盘上输入学号、性别、体重、身高，然后计算出体重指数，系统根据判断标准输出提示信息(见表 3.3)。

表 3.3　判　断　标　准

体　重	体重指数	输出提示
偏瘦	体重指数＜18	偏瘦，请加强营养！
正常	18≤体重指数＜25	体重正常，请继续保持！
微胖	25≤体重指数＜30	体重微胖，请稍加锻炼！
轻度肥胖	30≤体重指数＜35	体重轻度肥胖，请加强锻炼！
中度肥胖	35≤体重指数＜40	体重中度肥胖，请稍加节食及加强锻炼！
重度肥胖	体重指数≥40	体重重度肥胖，请节食及加强锻炼！

体重指数的计算公式如下：

$$体重指数 = \frac{体重(公斤)}{身高(米)的平方米}$$

该体重测量仪运行效果图如图 3.21 所示。

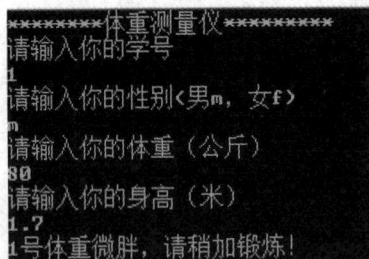

图 3.21　体重测量仪运行效果图

"试一试"参考答案

4 项目4 模拟 ATM 工作流程

知识目标

(1) 了解 C 语言中函数的概念、定义、声明。
(2) 了解函数的参数传递和返回值。
(3) 了解 C 语言中函数的调用。
(4) 了解 C 语言中变量的分类。

能力目标

(1) 能对函数进行定义、声明。
(2) 能够掌握函数的参数传递和返回值的用法。
(3) 能够进行函数调用。
(4) 能够正确使用 C 语言中的变量。

4.1 项 目 导 入

李聪想用 C 语言编程模拟 ATM 工作流程。程序实现如下功能：用户输入正确的密码之后，可以查询卡里余额，并取钱。模拟 ATM 系统界面如图 4.1 所示。

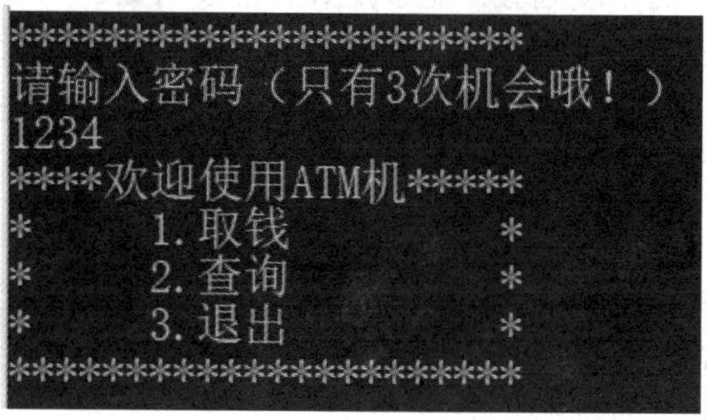

图 4.1　模拟 ATM 系统界面

请帮助李聪用 C 语言模拟 ATM 机工作流程。

4.2 知 识 导 航

4.2.1 函数概述

一般一个较大的程序应分为若干个程序模块，每个模块用来实现一个特定的功能。在 C 语言中，程序模块是由函数来实现的，并且一个 C 语言程序可由一个主函数和若干个子函数构成。比如要实现模拟 ATM 工作流程，应有查询、取钱、退出等功能。为了方便编写和调试，可以把一个功能编写成一个函数，最后由主函数调用功能函数，当然根据实际情况需要功能函数间也可以相互调用。同一个函数也可以被一个或多个函数调用任意多次。

1. C 语言程序的模块化结构特点

(1) 一个 C 语言程序可以由若干个函数构成，在这些函数中，有且只有一个主函数即 main( )。

(2) 一个源程序无论有多少个函数，程序必须从主函数开始运行，也结束于主函数。

(3) 函数间的位置可以是任意的，包括主函数。

(4) 函数间彼此平行，独立定义，可以嵌套调用，但不可以嵌套定义。

(5) 函数间虽然可以相互调用，但是不能调用 main( )函数。

2. 函数的分类

C 语言中，程序是由若干函数构成的，同时 C 语言自带了很多类别的函数，也就是说 C 语言函数是相当丰富的。C 语言函数分类如下：

(1) 从用户使用的角度划分：库函数(自带函数)、用户自定义的函数。库函数是由系统提供的，用户不必自己定义这些函数，可以直接使用它们，但是在使用前要加上相关的包含命令。比如，如果要使用输入函数 scanf( )，那么在程序最前面必须加上 "#include <stdio.h>" 包含命令，否则编译会提示错误。不同的 C 语言系统提供的库函数的数量和功能不同，但常用的函数基本是相同的。用户自定义的函数用来实现用户特定的某项功能，实际应用不一样，用户自定义的函数也不一样，这是本项目需要重点讲解的。

(2) 从函数参数形式的角度划分：无参函数和带参函数。无参函数是在定义和调用时都没有参数的函数，一般用来执行指定的一组操作。无参函数一般不带回函数值。而带参函数在函数调用时，主调函数和被调函数之间有数据传递，即主调函数可以将数据传递给被调函数使用，最后被调函数将结果带回给主调函数使用。

3. 函数的优点

(1) 使程序变得更简短而清晰。

(2) 有利于程序维护。

(3) 可以提高程序开发的效率。

(4) 提高代码的重用性。

下面介绍带参函数和无参函数的定义、调用、声明等几方面内容。

视频：带参函数

4.2.2　带参函数

1. 带参函数的定义

带参函数的定义格式如下：

```
类型标识符    函数名(形式参数列表)
{
    语句;
        return    表达式; 或 return(表达式);
}
```

【例 4-1】　定义函数 sum( )，实现两个整数的和。

程序如下：

```
int sum(int x , int y)
{
    int z;
    z=x+y;
    return z ;
}
```

说明：

(1) 类型标识符：就是函数类型，由函数返回值的类型来确定，函数返回值一般通过 return 语句来实现。如果不定义，系统缺省为整型(int)。

(2) 函数名：只要是合法的标识符即可，但是通常取见名知意的函数名。比如要编写一个求总分功能的函数，那么就可以将 sum 作为函数名，也可以使用拼音的简写 zf 作为函数名。

(3) 形式参数列表：首先形参是用圆弧括号括起来的，形参需要一一列举类型名和参数名，且用逗号隔开。比如上例中有两个整型参数 x 和 y，在列举时是一一列举并用逗号隔开的(int x,int y)，而不能定义为 int x,y。

(4) 函数体：由大括号括起来的若干条语句构成。

2. 带参函数的调用

在介绍带参函数的调用之前，先介绍两个概念：形参和实参。

(1) 形参：在定义函数时，函数名后面括号中的变量称为形参。形参是形式上的变量，只有在函数调用时才分配空间，并由实参传递值，调用一结束就释放内存空间。

(2) 实参：在调用函数时，函数名后面括号中的参数可能是变量、常量或表达式，其无论以什么形式存在，调用时必须有具体的值。

一般通过函数名调用带参函数，其形式如下：

```
函数名(实参列表);
```

例如对例 4-1 进行函数调用：

```
#include <stdio.h>
int sum(int x , int y)        //x 和 y 为形参
```

```
    {
        int z;
        z=x+y;
        return  z ;
    }
    main( )
    {
        int a,b,s;
        printf("请任意输入两个整数： \n ");
        scanf("%d%d",&a,&b);
        s=sum(a,b);        //a 和 b 为实参
        printf("两个整数和=%d",s);
    }
```

【例 4-2】　编写一个函数 fact( )，求一个正整数的阶乘，并由主调函数进行调用。
程序如下：

```
    #include <stdio.h>
    long    fact(int n)        // n 为形参
    {
        long s=1;
        int i;
        for(i=1;i<=n;i++)
        s=s*i;
        return s;
    }
    main( )
    {
        int   n;
        long sum;
        printf("请任意输入一个正整数： \n ");
        scanf("%d",&n);
        sum=fact(n);            // n 为实参
        printf("%d!=%ld",n,sum);
    }
```

3. 带参函数的声明

观察上面两个实例，不难发现，用户自定义的函数始终放在 main( )函数的前面。下面
把例 4-1 中的 sum( )函数和 main( )函数的位置交换一下，请思考程序是否还能正常运行。

```
    #include <stdio.h>
    main( )
```

```
{
    int a,b,s;
    printf("请任意输入两个整数：\n ");
    scanf("%d%d",&a,&b);
    s=sum(a,b);
    printf("两个整数和=%d",s);
}
int sum(int x , int y)
{
    int z;
    z=x+y;
    return   z ;
}
```

在运行环境中显示程序编译出错(见图 4.2)，该处错误就是 sum( )函数未定义。那么怎样来解决这样的问题？方法一：按照之前的写法把被调函数放在 main( )函数的前面。方法二：进行函数的声明。

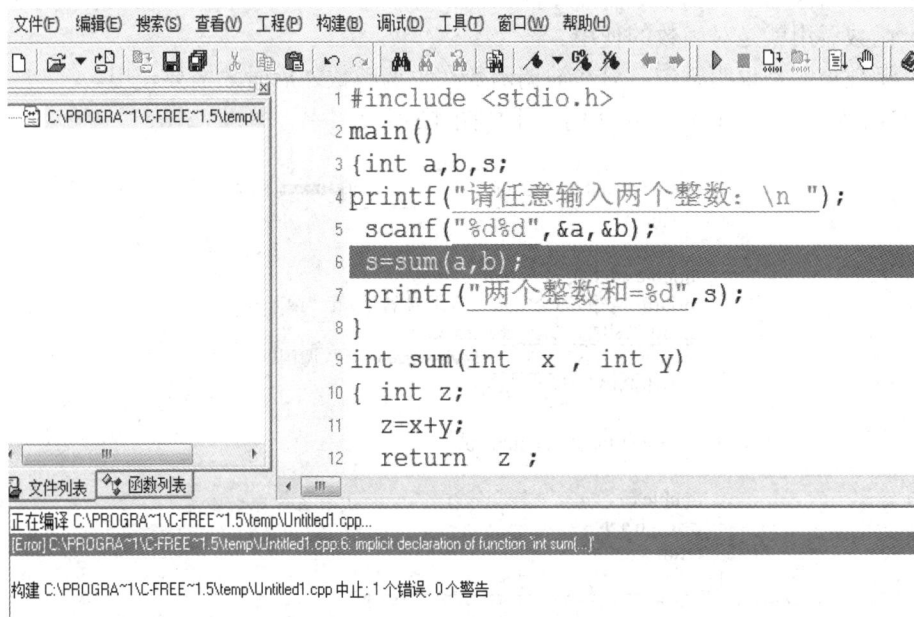

图 4.2 编译错误

当被调函数定义在主调函数之后时，被调函数必须先加以声明，才可以使用。

带参函数声明的一般格式如下：

类型标识符 函数名(类型 形参,…,类型 形参);

程序如下：

```
#include <stdio.h>
int sum(int x , int y);                    //函数声明语句，分号不能省略
```

```
main( )
{
    int a,b,s;
    printf("请任意输入两个整数：\n ");
    scanf("%d%d",&a,&b);
    s=sum(a,b);
    printf("两个整数和=%d",s);
}
int sum(int x , int y)
{
    int z;
    z=x+y;
    return z ;
}
```

4. 带参函数的定义、调用、声明的关系

(1) 函数定义是实现某功能的程序段。

(2) 函数调用就是对函数的使用。

(3) 函数声明是说明语句，只在被调函数在主调函数之后时才需要使用。

带参函数的定义、调用、声明的关系如图 4.3 所示。

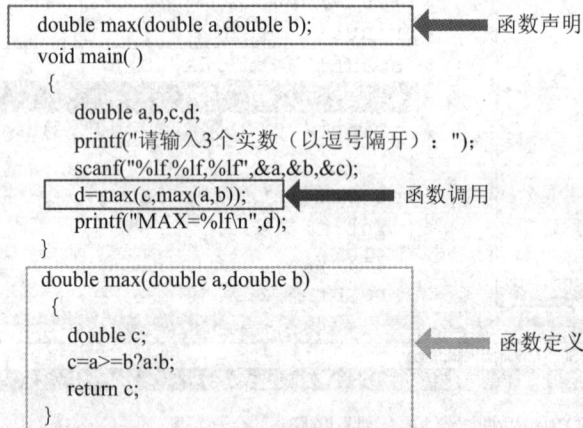

图 4.3　带参函数的定义、调用、声明的关系

5. 带参函数说明

(1) 实参可以是常量、变量或表达式，但必须有确定的值。例如：

```
max(3,a+b);
```

(2) 形参的类型必须定义，形参变量可以省略。例如：

```
max(int,int);   (正确)
max(x,y);       (错误)
```

(3) 实参与形参的类型必须一致或赋值兼容，并且个数和类型要一一对应。

(4) 实参同形参的数值传递是"单向值传递"，由实参传给形参，不能反向，即单向传递。

思考：下面程序的输出结果是什么？

```
#include <stdio.h>
void    swap (int x, int y)
{
    int    temp;
    temp=x；  x=y；  y=temp；
    printf("x=%d , y=%d \n", x, y);
}
main( )
{
    int    a=3, b=5；
    swap (a, b);
    printf("a=%d, b=%d\n", a, b);
}
```

4.2.3　无参函数

无参函数顾名思义就是没有参数的函数。下面介绍无参函数的定义、调用、声明等内容。

1. 无参函数的定义

无参函数的定义形式如下：

```
类型标识符    函数名( )
{
        语句;
}
```

【例 4-3】　定义两个函数 printstar( )和 message( )，分别实现输出一行星星和一行信息的功能。

程序如下：

```
printstar( )
{
    printf(" *********************\n ");
}
void message( )
{
    printf(" Hello world!\n ");
}
```

说明：

(1) 类型标识符：是指函数返回值的类型，无参函数一般不需要返回函数值，因此可以不写类型标识符,比如 printstar( )函数的类型标识符就省略了;或者明确表示"不返回值", 函数类型标识符可以用 void 来表示,即无类型或空类型,例如 message( )函数的类型标识 符就用了 void。

(2) 函数名:只要是合法的标识符即可,一般通常取见名知意的函数名。

(3) 无形参列表:无参函数没有形参,虽然没有形参,但是括号不能省略。

(4) 函数体:由大括号括起来的若干条语句构成,实现相关功能。一般无参函数体中 没有 return 语句。

2. 无参函数的调用

一般通过函数名调用无参函数,其形式如下:

```
函数名( );
```

例如对例 4-3 中两个定义好的函数进行调用:

```
#include <stdio.h>
printstar( )
{
    printf(" ***************\n ");
}
void message( )
{
    printf(" Hello world!\n ");
}
main( )
{
    printstar( );          //调用 printstar( )函数
    message( );            //调用 message( )函数
    printstar( );          //调用 printstar( )函数
}
```

程序运行结果如图 4.4 所示。

```
***************
Hello world!
***************
Press any key to continue...
```

图 4.4 程序运行结果

3. 无参函数的声明

无参函数的声明和带参函数的声明是一样的,当被调函数定义在主调函数之后时,被 调函数必须先加以声明,才可以使用。

无参函数声明的一般格式如下:

```
类型标识符 函数名( );
```

程序如下:

```
#include <stdio.h>
```

```
    printstar( );              //函数声明，分号不能省略
    void message( )            //函数定义
    {
        printf(" Hello world!\n ");
    }
    main( )
    {
        printstar( );          //调用 printstar( )函数
        message( );            //调用 message( )函数
        printstar( );          //调用 printstar( )函数
    }
    printstar( )               //函数定义
    {
        printf(" ***************\n ");
    }
```

说明：因为 printstar( )函数定义在主调函数 main( )的后面，所以在 main( )函数出现之前就需要函数声明语句；而 message( )函数定义在 main( )函数的前面，所以 message( )函数不需要函数声明语句。

4.2.4 函数的嵌套调用

C 语言的函数定义都是相互平行、独立的，不能嵌套定义函数，但可以嵌套调用函数。也就是说，在调用一个函数的过程中可以调用另一个函数。

图 4.5 所示的是两层嵌套，加上 main( )函数共 3 层函数，其执行过程如下：

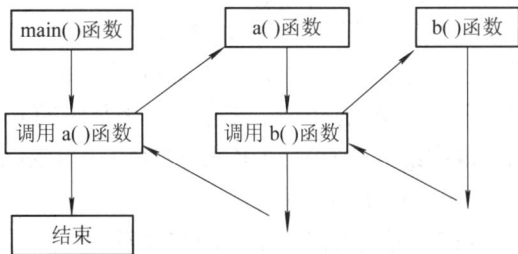

视频：函数的嵌套
和递归调用

图 4.5 嵌套调用函数(两层)

(1) 无论有多少个函数，其执行都从 main( )函数开始。

(2) 在 main( )函数的运行过程中遇到了调用 a( )函数的操作语句，流程转去执行 a( )函数。

(3) 进入 a( )函数的开头部分，同样在 a( )函数的执行过程中遇到了调用 b( )函数的操作语句，这时流程转去执行 b( )函数。

(4) 当完成 b( )函数的全部操作时返回 a( )函数中调用 b( )函数处，继续执行 a( )函数中尚未执行的部分，直到 a( )函数结束。

(5) 返回 main( )函数中调用 a( )函数处，继续执行 main( )函数的剩余语句，直到 main( )

函数结束。

【例 4-4】 阅读下列程序，说明整个程序的执行过程以及最后的输出结果。

```c
#include <stdio.h>
int b(int x)
{
    return(x+1);
}
int a(int m, int n)
{
    if(m>n)    return(m);
    else return b(5) ;
}
main( )
{
    int m=3, n=8, r;
    r=a(m,n);
    printf("%d\n", r);
}
```

说明：

(1) 在定义函数时，a( )和 b( )两个函数是互相独立的，并不互相从属，并且这两个函数均定义为整型。

(2) a( )和 b( )两个函数的定义均出现在 main( )函数之前，因此不需要进行函数声明。

(3) 程序从 main( )函数开始执行。首先 main( )函数定义了几个整型变量同时初始化，然后遇到了调用 a( )函数的语句，于是就转入 a( )函数，这时将 3 和 8 分别传递给形参 m，n，继续执行 a( )函数；a( )函数中有一个双分支语句，如果 m 大于 n 就执行 return 语句，否则执行调用 b( )函数的语句，很显然 3 是小于 8 的，所以就执行 else 部分；在 else 语句中遇到了调用 b( )函数的语句，这时程序转入 b( )函数，执行 b( )函数中的 return 语句，即 b( )函数的返回值是 6；返回到 a( )函数中继续执行直到 a( )函数结束；再返回到 main( )函数，这时 r=6，最后执行 printf( )函数，main( )函数结束。

【例 4-5】 从 n 个不同的元素中，每次取出 k 个不同的元素，不管其顺序合并成一组，称为组合。组合种数的计算公式如下：

$$C_n^k = n!/[(n-k)!\,k!]$$

(1) 定义函数 fact(n)计算 n!，类型为 double。

(2) 定义函数 cal(k,n)，计算组合种数 C_n^k，类型为 double，要求调用函数 fact(n)计算 n!。

(3) 定义函数 main( )，输入正整数 n，输出 n 的所有组合种数 C_n^k，要求调用函数 cal(k,n)。

分析：从程序要求中不难发现这个问题涉及函数的嵌套调用，main( )函数调用了 cal(k,n)函数，而 cal(k,n)函数调用了 fact(n)函数。

程序如下：

```
#include <stdio.h>
double fact(int n)
{
    int i;
    double s=1;
    for(i=1;i<=n;i++)
    s=s*i;
    return s;
}
double    cal(int k,int n)
{
    return fact(n)/fact(n-k)/fact(k);
}
main( )
{
    int n,k;
    double s;
    printf("请输入一个正整数 n:\n");
    scanf("%d",&n);
    for(k=0;k<=n;k++)
    {
        s=cal(k,n);
        printf("%.3lf\n",s);
    }
}
```

程序运行结果如图 4.6 所示。

图 4.6   例 4-5 的程序运行结果

4.2.5   函数的递归调用

C 语言允许函数自己调用自己，称函数的自身调用为函数的递归调用，即递归调用是在调用一个函数的过程中又直接或间接地调用该函数本身。例如：

```
int    f(int x)
```

```
{
    if(x==1)   return   1;
    if(x>1)    return f(x-1)+x;
}
```

在调用 f( )函数的过程中，又要调用 f( )函数，这是直接调用本函数的方式，也是最常见的一种方式。

还有一种间接的函数递归调用方式，即在调用 f1( )函数的过程中需要调用 f2( )函数，而在调用 f2( )函数的过程中又要调用 f1( )函数，如图 4.7 所示。

```
int f1(int x)                    int f2(int t)
{ int y,z;                       { int a,c;
z=f2(y);}                        c=f1(a);}
```

图 4.7 函数递归调用的间接方式

关于递归调用，对初学者来说很难理解，下面用一个通俗易懂的例子来说明函数的递归调用。

【例 4-6】 有 5 个人坐在一起，问第 5 个人几岁，他说他比第 4 个人大 2 岁。问第 4 个人，他说他比第 3 个人大 2 岁。问第 3 个人，他说他比第 2 个人大 2 岁。问第 2 个人，他说他比第 1 个人大 2 岁。最后问第 1 个人，他说他是 10 岁。请问第 5 个人几岁？

分析：求第 5 个人的年龄，要知道第 4 个人的年龄，而要求第 4 个人的年龄，要知道第 3 个人的年龄，以此类推。有如下关系：

```
age(5) = age(4) + 2
age(4) = age(3) + 2
age(3) = age(2) + 2
age(2) = age(1) + 2
age(1) = 10
```

通过上面的表达式可以得到如下关系(见图 4.8)：

```
age(n)=10           (n=1)
age(n)=age(n-1)+2   (n>1)
```

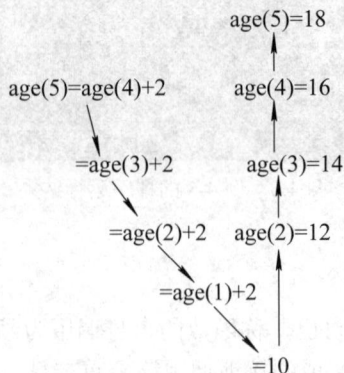

图 4.8 年龄关系

由图 4.8 可知，求解过程可分成两个阶段，分别是"递推"和"回推"。显而易见，递归过程不会无限制地进行下去，必须有一个结束递归过程的条件，该实例中就是 age(1) =10。

程序如下：

```c
#include <stdio.h>
int age(int n)
{
    int c;
    if(n==1) c=10;
    else c=age(n-1)+2;
    return(c);
}
main( )
{
    printf("第 5 个人年龄=%d\n",age(5) );
}
```

程序运行结果如图 4.9 所示。

图 4.9　例 4-6 的程序运行结果

【例 4-7】 编写程序，输入一个正整数 n，求 n 的阶乘。要求定义和调用 fact(n)函数计算 n 的阶乘，函数返回值的类型是 double(fact(n)函数用递归方式来完成)。

程序如下：

```c
#include <stdio.h>
double fact(int n)
{
    double s;
    if(n==0||n==1) s=1;
    else s=fact(n-1)*n;
    return s;
}
main( )
{
    int n;
    printf("请输入一个正整数 n:\n");
    scanf("%d",&n);
    printf("%d!=%.2lf\n",n,fact(n));
}
```

程序运行结果如图 4.10 所示(假设测试数据是正整数 6)。

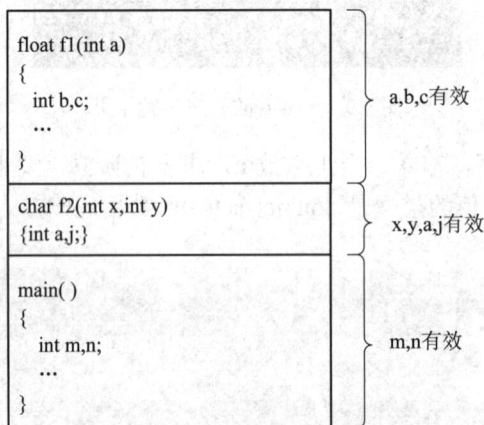

请输入一个正整数n:
6
6!=720.00
Press any key to continue...

图 4.10　例 4-7 的程序运行结果

请读者思考递归调用的函数一般能承载什么样的数据以及数据与数据间有着怎样的联系。

4.2.6　局部变量和全局变量

从变量的作用范围来看，可以把变量分为局部变量和全局变量，之前读者接触到的变量基本都是局部变量。

1. 局部变量

在一个函数内部定义的变量是局部变量，它只在本函数范围内有效，即只有在本函数内才能使用它们，在此函数以外不能使用这些变量，如图 4.11 所示。

```
float f1(int a)
{
  int b,c;
  ...
}
```
a,b,c有效

```
char f2(int x,int y)
{int a,j;}
```
x,y,a,j有效

```
main( )
{
  int m,n;
  ...
}
```
m,n有效

视频：变量说明

图 4.11　局部变量

说明：

(1) 主函数不能使用其他函数中定义的变量，主函数只是程序的入口，并没有其他优先权。

(2) 不同函数中可以使用相同名字的变量，它们互不干扰。比如 f1( )函数中定义了 a 变量，而 f2( )函数中也定义了 a 变量，它们在内存中占据不同的单元，互不干扰。

(3) 形式参数是局部变量。例如，f2( )函数的形参 x、y 只在 f2( )函数中有效，其他函数不能调用。

(4) 在一个函数内部，可以在复合语句中定义变量，这些变量只在本复合语句中有效，且复合语句中的变量都是局部变量，如图 4.12 所示。

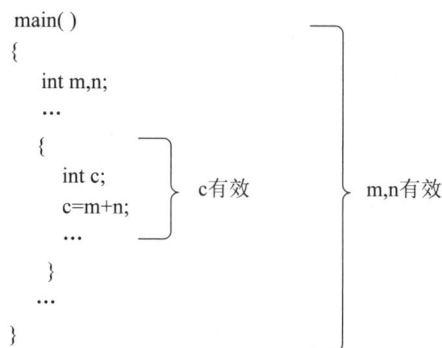

图 4.12 局部变量的有效范围

2. 全局变量

在函数之外定义的变量称为全局变量，也称为外部变量。它的有效范围为从定义变量的位置开始到本文件结束，如图 4.13 所示。

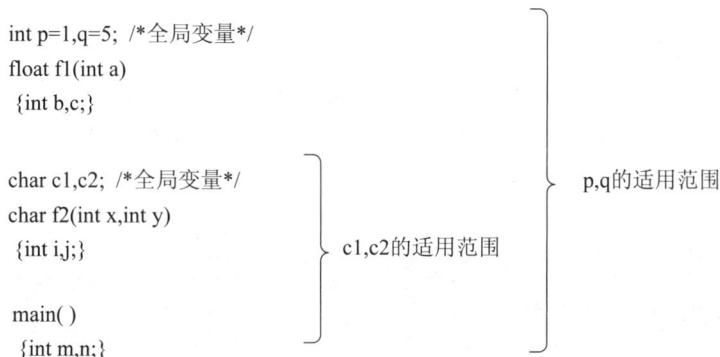

图 4.13 全局变量的有效范围

说明：

(1) 全局变量增加了函数间数据调用的渠道。主调函数可以得到多个被调函数中的值。

(2) 必要时才使用全局变量。全局变量在程序执行的过程中一直占用存储单元，降低了函数的通用性和程序的清晰性。

(3) 如果在同一个源文件中全局变量与局部变量同名，则全局变量不起作用。

思考：下列程序的输出结果是什么？

```
int a=3,b=5;              /*a,b 为全局变量*/
max(int a,int b)          /*a,b 为局部变量*/
{
    int c;
    c=a>b? a:b;
    return(c);
}
```

```
main( )
{
    int a=8;                   /*a 为局部变量*/
    printf("%d",max(a,b));
}
```

提示：全局变量与局部变量同名。

4.2.7　变量的存储类型

根据变量值存在的时间即生存期，变量的存储类型可以分为静态存储和动态存储。

静态存储是指在程序运行期间分配固定的存储空间的方式；动态存储是指在程序运行期间根据需要动态分配存储空间的方式。

在 C 语言中每个变量和函数都有两个属性：数据类型和数据的存储类型。数据类型前面已经介绍过，而存储类型就是数据在内存中存储的方式，具体包括四种：自动的(auto)、静态的(static)、寄存器的(register)、外部的(extern)。根据变量的存储类型，可以知道变量的作用域和生存期。下面详细介绍前两种存储类型。

1. 自动存储类型

局部变量如不声明为 static 存储类型，都是动态分配存储空间的。函数中的形参和在函数中定义的变量都属于 auto 型，在调用函数时系统会给它们分配存储空间，在函数调用结束时系统就自动释放这些存储空间。例如：

```
int f(a)
{
    auto int b,c=3;
}       /*实际上 auto 可省略*/
```

auto 不写则默认为自动存储类别。程序中大多数变量属于自动存储类型。例如：

```
auto int b,c=3;
int b,c=3;
```
} 等价

2. 静态存储类型

函数中局部变量的值在函数调用结束后不消失，即不释放其占用的存储单元，在系统下一次调用该函数时，该变量的值就是上一次函数调用结束时的值。该变量称为"静态局部变量"，用关键字 static 进行声明。

【例 4-8】 考察静态局部变量的值。

程序如下：

```
#include <stdio.h>
int
f(int a)                //函数声明
{
    auto int b=0;
```

```
        static int c=3;
        b=b+1;
        c=c+1;
        return(a+b+c);
    }
    main( )
    {
        int a=2,i;
        for(i=0;i<3;i++)
        printf("%d   ",f(a));
    }
```

程序运行结果如图 4.14 所示。

```
7  8  9  Press any key to continue...
```

图 4.14　例 4-8 的程序运行结果

例 4-8 程序中既有 auto 型变量 b，又有 static 型变量 c，下面分析它们在程序运行过程中的变化，如表 4.1 所示。

表 4.1　变量在程序运行过程中的变化分析

函数 f( )调用次数	调用时的初值		调用结束时的值		
	b(auto)	c(static)	b	c	a+b+c
第一次调用	0	3	1	4	7
第二次调用	0	4	1	5	8
第三次调用	0	5	1	6	9

3. auto 型变量和 static 型变量的比较

(1) static 型变量属于静态存储类型，在静态存储区分配存储单元，且在程序整个运行期间都不释放；而 auto 型变量属于动态存储类型。

(2) static 型变量是在编译期间赋值的，且只赋初值一次；auto 型变量是在调用时赋值的。

(3) static 型变量如不赋值，则自动赋值为 0；auto 型变量如不赋值，则为不确定的数。

4.3　项目分析与实现

1. 项目分析

现在请大家运用本项目所介绍的知识来模拟 ATM 工作流程。本项目的要求是：若用户输入密码正确，则进入功能菜单选择界面；若输入密码错误，则允许重新输入，有 3 次机会；假设 3 次都输入错误，则出现提示"对不起，您已经 3 次密码输入错误！"。

1) 定义待机函数 welcome( )

待机函数 welcome( )主要用来显示 ATM 功能菜单选项：① 取钱；② 查询；③ 退出。

2) 定义验证密码函数 password( )

验证密码函数 password( )主要供用户输入密码，用户有 3 次机会，如果输入错误，则提示"密码错误，请重新输入"；若操作 3 次都没有成功，则提示"对不起，您已经 3 次密码输入错误！"。

3) 定义余额查询函数 query( )

余额查询函数 query( )主要用来显示余额。

4) 定义取款函数 getmoney( )

取款函数 getmoney( )主要供用户输入取款额，如果输入的取款额超过余额，则提示"余额不足，重新输入！"，否则返回剩余金额。

5) 设计主函数

main( ) 函数调用 password( )函数，让用户输入密码。若密码正确，则主函数调用 welcome( )函数。

2. 项目实现

(1) 待机函数 welcome( )的代码如下：

```c
#include <stdio.h>
void welcome( )
{
    int m;
    printf("****欢迎使用 ATM 机***\n");
    printf("*      1.取钱        *\n");
    printf("*      2.查询        *\n");
    printf("*      3.退出        *\n");
    printf("********************\n");
    scanf("%d",&m);
    switch(m)
    {
        case 1: getmoney( );break;
        case 2: query( );break;
        case 3: return;break;
    }
}
```

(2) 验证密码函数 password( )的代码如下：

```
void password( )
{
  int inputpsd,password=1111,count=3;
  printf("*********************\n");
  printf("请输入密码(只有 3 次机会哦！)\n");
  scanf("%d",&inputpsd);
  while(count>0)
  {  if(inputpsd==password)
    {welcome( );break;}
    else
     {  if(count>1)
       {
         printf("密码错误，请重新输入\n");
         count--;
         scanf("%d",&inputpsd);
       }
       else
       {
         printf("对不起，您已经 3 次密码输入错误!\n");
         count--;
       }
     }
  }
}
```

(3) 余额查询函数 query( )的代码如下：

```
void query( )
{
    float money=10000;
    printf("此账户余额￥%.2f\n",money);
}
```

(4) 取款函数 getmoney( )的代码如下：

```
float getmoney( )
{
    float money=1000;
    float input;
    while(1)
    {
        printf("输入您要取钱的数目：\n");
        scanf("%f",&input);
```

```
        if(input<money) break;
            else printf("余额不足，重新输入！\n");
        }
    return money-input;
}
```

(5) 主函数 main( )的代码如下：

```
int main( )
{
    password( );
    return 0;
}
```

(6) 项目完整代码如下：

```
#include <stdio.h>
void query()
{float money=1000;
printf("此账户余额￥%.2f\n",money);
}
float getmoney()
{float money=1000;
 float input;
 while(1)
 { printf("输入您要取钱的数目：\n");
    scanf("%f",&input);
    if(input<money) break;
    else printf("余额不足，重新输入！：\n");
 }
 return money-input;
}
void welcome()
{int m;
 printf("****欢迎使用 ATM 机****\n");
 printf("*       1.取钱        *\n");
 printf("*       2.查询        *\n");
 printf("*       3.退出        *\n");
 printf("********************\n");
 scanf("%d",&m);
 switch(m)
 {case 1: getmoney();break;
   case 2: query();break;
```

```
        case 3: return;break;
      }
   }
void password()
{int inputpsd,pasword=1234,count=3;
  printf("*********************\n");
  printf("请输入密码（只有 3 次机会哦！）\n");
  scanf("%d",&inputpsd);
  while(count>0)
  {if(inputpsd==pasword)
     {welcome();break;}
   else
     {if(count>1)
        { printf("密码输入错误，请重新输入\n");
          count--;
          scanf("%d",&inputpsd);
        }
      else
       {printf("对不起，您已经输入了 3 次密码出错\n");
        count--;
       }
     }
   }
}
int main()
{password();
  return 0;
}
```

4.4　知识延伸

C 语言中，常用一个标识符来代表一个字符串，称为符号常量，也称为宏名。符号常量(宏名)和变量一样也要先定义再使用，这实际上是一个宏定义命令。通过宏定义命令可以将常量定义为一个符号常量。在 C 语言程序中用符号常量代替一个字符串时，系统将符号常量替换为所定义的常量后才进行编译，这个过程称为宏替换。宏定义分为两种：一种是不带参数的宏定义；另一种是带参数的宏定义。

1. 不带参数的宏定义——用宏名代表一个字符串

不带参数的宏定义的一般格式如下：

```
#define    符号常量名/宏名    字符串
```

其中："#define"是宏定义命令，必须要有；"符号常量名/宏名"的命名需要遵循标识符的命名规则，但习惯上使用大写字母；"字符串"就是需要被替代的任意字符串。

例如：

```
#define   P   3.1415926
```

其作用是用 P 来代表 3.141 592 6，在编译时，系统会将程序中在该命令以后出现的所有 P 都用 3.141 592 6 来代替。

【例 4-9】 使用宏替换求圆的周长、面积和球的体积。

分析：圆的周长 $C=2\pi r$，圆的面积 $S=\pi R^2$，球的体积 $V=(4/3)\pi R^3$，这几个公式里都有 π，所以可以把 π 定义成符号常量。

程序如下：

```
#define P 3.1415926
#include <stdio.h>
main( )
{
    float R,C,S,V;
    printf("请输入一个半径：\n");
    scanf("%f",&R);
    C=2*P*R;
    S=P*R*R;
    V=4*P*R*R*R/3;
    printf("周长=%.3f\n 面积=%.3f\n 体积=%.3f\n",C,S,V);
}
```

程序运行结果如图 4.15 所示。

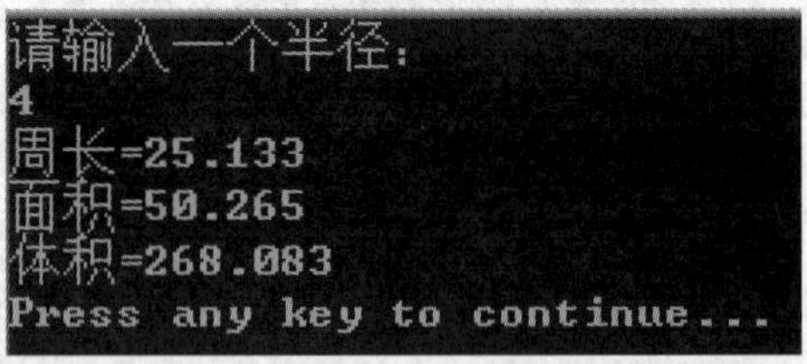

图 4.15　例 4-9 的程序运行结果

采用宏替换的优点如下：

(1) 书写简单，不易出错。将复杂的常量定义为简明的符号常量，这样书写简单，而且不易出错。例如：

```
#define   P   3.14159265
```

这里，符号常量 P 被定义为 3.141 592 65，在程序中书写 P，显然比书写 3.141 592 65 要简单。

(2) 修改程序方便。采用符号常量会给修改程序带来方便。例如，在一个程序中使用了某个符号常量共 10 次，若根据需要对这一常量值进行修改，则只需在宏定义命令中对定义的常量值进行一次修改；否则，要在程序中出现这一常量的 10 处都进行修改，这不仅麻烦，还容易出错。

(3) 提高程序的可读性和移植性。由于符号常量通常具有明确的含义，因此，读者一见到符号常量便可知道它所表示的意义，例如，在前面的宏定义命令中，很明显 P 表示圆周率，即 π，所以程序的可读性好。使用符号常量可将程序中影响环境系统的参数，如字长等，定义在一个可被包含的文件中，在不同的环境系统下，通过修改包含文件中符号常量的定义值可达到兼容的目的，于是提高了程序的移植性。

(4) 在进行宏定义时，可以层层置换。例如，可以把例 4-9 改成层层置换模式，代码如下：

```c
#include <stdio.h>
#define    R    4.0
#define    P    3.1415926
#define    C    2*P*R
#define    S    P*R*R
#define    V    4*P*R*R*R/3
main( )
{
    printf("周长=%.3f\n 面积=%.3f\n 体积=%.3f\n",C,S,V);
}
```

程序运行结果如图 4.16 所示。

```
周长=25.133
面积=50.265
体积=268.083
Press any key to continue...
```

图 4.16　程序运行结果

(5) 宏定义不是语句，不必在末尾加分号，若加分号，则会连分号一起进行替换。例如：

```c
#define P 3.14;
    C=2*P*R;
```

经过替换后，该语句就变成：

```c
    C=2*3.14;*R;
```

显然这是有语法错误的语句。

2. 带参数的宏定义

带参数的宏定义不只是进行简单的字符串替换，还要进行参数替换。其一般格式如下：

```c
#define 宏名(参数) 字符串
```

【例 4-10】　带参数的宏定义举例。

程序如下：

```
#define S(a,b)    a*b
#include <stdio.h>
main( )
{
    int x,y;
    x=S(2,3);
    y=S(2+3,4);
    printf("x=%d\ny=%d\n",x,y);
}
```

程序运行结果如图 4.17 所示。

图 4.17   例 4-10 的程序运行结果

说明：

(1) 对带参数的宏的展开只是将语句中的宏名后面括号内的实参字符串代替#define 命令行中的形参。当运行到"x=S(2,3);"这条语句时，系统就要找到#define 命令行中的 S(a,b)，用实参 2 和 3 分别代替宏定义中字符串"a*b"的形参 a 和 b，即 2*3。

(2) 当运行到"y=S(2+3,4);"这条语句时，系统就要找到#define 命令行中的 S(a,b)，用实参 2+3 和 4 分别代替宏定义中字符串"a*b"的形参 a 和 b，即 2+3*4。要注意的是，2+3 外面没有括号，不要人为地加上括号，即(2+3)*4，这是错误的替换。

读者在学习过程中很容易把带参数的宏定义和函数混淆，它们之间确实有一些类似的地方，如在调用函数时也是把函数名后括号内的参数作为实参，也要求实参与形参的数目相等，但是带参数的宏定义与函数是不同的，主要体现在以下几点：

(1) 调用函数时，先求出实参表达式的值，然后传递给形参；而带参数的宏定义只是进行简单的字符替换。

(2) 函数调用在程序运行时处理，分配临时的内存单元；而宏展开则在编译时进行，展开时不分配内存单元，不进行值的传递处理，也没有"返回值"的说法。

(3) 在函数中，实参和形参都要求定义数据类型，且实参和形参的类型要一致；而宏定义不存在数据类型问题，宏名无数据类型，参数也无数据类型，只是符号的代替，所以宏定义中的字符串可以是任意类型的数据。

(4) 宏定义不占运行时间，只占编译时间；而函数调用则占运行时间。

4.5 知 识 总 结

(1) 函数是实现一个特定功能的模块，该模块由若干条语句构成。

(2) C 语言程序的模块化结构特点：

① 一个 C 语言程序可以由若干个函数构成，在这些函数中，有且只有一个主函数即 main( )。

② 一个 C 语言程序无论有多少个函数，程序必须从主函数开始运行，并结束于主函数。

③ 函数间的位置可以是任意的，包括主函数。

④ 函数间彼此平行，独立定义，可以嵌套调用，但不可以嵌套定义。

⑤ 函数间虽然可以相互调用，但是不能调用 main( )函数。

(3) 从用户使用的角度，可将函数分为库函数和用户自定义的函数；从函数参数形式的角度，可将函数分为无参函数和带参函数。

(4) 函数的优点：使程序变得更简短而清晰；有利于程序维护；可以提高程序开发的效率；提高代码的重用性。

(5) 带参函数的定义格式：

```
类型标识符    函数名(形式参数列表)
{
        语句;
        return   表达式; 或 return(表达式) ;
}
```

(6) 带参函数的定义、调用、声明的关系：

① 函数定义是实现某功能的程序段。

② 函数调用就是对函数的使用。

③ 函数声明是说明语句，只在被调函数在主调函数之后时才需要使用。

(7) 形参：在定义函数时，函数名后面括号中的变量名；实参：在调用函数时，函数名后面括号中的参数(表达式)。

(8) C 语言程序不能嵌套定义函数，但可以嵌套调用函数。也就是说，在调用一个函数的过程中可以调用另一个函数。

(9) 递归函数指的是在函数的过程中出现调用该函数本身的过程，即函数自己调用自己。

(10) 在一个函数内部定义的变量是局部变量，它只在本函数范围内有效；在函数之外定义的变量是全局变量，也称为外部变量。如果在同一个源文件中全局变量与局部变量同名，那么全局变量不起作用。

(11) atuo 型变量和 static 型变量的比较：

① static 型变量属于静态存储类型，在静态存储区分配存储单元，且在程序整个运行期间都不释放；而 auto 型变量属于动态存储类型。

② static 型变量是在编译期间赋值的，且只赋初值一次；auto 型变量是在调用时赋值的。

③ static 型变量如不赋值，则自动赋值为 0；auto 型变量如不赋值，则为不确定的数。

(12) 常用一个标识符来代表一个字符串，称为符号常量，也称为宏名。宏定义可分为两种：一种是不带参数的宏定义；另一种是带参数的宏定义。

① 不带参数的宏定义——用宏名代表一个字符串，其一般格式如下：

```
#define    符号常量名/宏名    字符串
```

② 带参数的宏定义不只是进行简单的字符串替换，还要进行参数替换。其一般格式.

如下:

#define   宏名(参数) 字符串

4.6 试 一 试

1. 编写判断一个数是否是素数的函数，然后在主函数中调用。

2. 编写判断一个数是否是水仙花数的函数，然后在主函数中调用。

3. 按下面要求编写程序：

(1) 定义函数 cal_power(x,n)，计算 x 的 n 次幂(即 x^n)，函数的返回值类型为 double。

(2) 定义函数 main( )，输入浮点数 x 和正整数 n，计算并输出

$$S=\frac{1}{x}+\frac{1}{x^2}+\frac{1}{x^3}+\cdots+\frac{1}{x^n}$$

的值。要求调用函数 cal_power(x,n)计算 x 的 n 次幂。

4. 编写一个 total(n)函数，其功能是计算 $1+2+3+\cdots+n$。定义主函数 main( )，n 为正整数，计算并输出

$$s = 1 + (1+2) + (1+2+3) + \cdots + (1+2+3+\cdots+n)$$

的值。要求主函数调用 total(n)函数。

5. 按下面要求编写程序：

(1) 定义函数 total(n)，计算 $1+2+3+\cdots+n$，函数的返回值类型为 int。

(2) 定义函数 main( )，输入正整数 n，计算并输出

$$s = 1+ \frac{1}{1+2} + \frac{1}{1+2+3} + \cdots + \frac{1}{1+2+3+\cdots+n}$$

的值。要求调用函数 total(n)计算 $1+2+3+\cdots+n$。

6. 按下面要求编写程序：

(1) 定义函数 fack(n)，计算 n!，函数的返回值类型为 double。

(2) 定义函数 main( )，输入正整数 n，计算并输出

$$s = n + \frac{n-1}{2!} + \frac{n-2}{3!} + \cdots + \frac{1}{n!}$$

的值。要求调用函数 fack(n)计算 n!。

"试一试" 参考答案

项目 5　制作简易通讯录管理系统

知识目标

(1) 了解一维数组的概念、定义、初始化以及数组元素的引用。
(2) 了解一维数组的输入/输出。
(3) 了解常用的字符串函数。
(4) 了解二维数组的定义、初始化、引用。
(5) 了解二维数组的输入/输出。
(6) 了解选择排序和冒泡排序的算法。
(7) 了解数组名作为函数的参数的使用方法。
(8) 了解结构体类型和结构体变量的定义、引用、初始化。

能力目标

(1) 能使用一维数组进行编程。
(2) 能使用比较法和冒泡法对数据进行排序。
(3) 能正确使用一维字符数组、常见的字符串处理函数以及二维字符数组。
(4) 能正确使用二维数组进行编程。
(5) 能使用结构体数组进行编程，解决各种实际问题。

5.1　项 目 导 入

李聪想用 C 语言编程制作一个简易的通讯录管理系统，该通讯录管理中显示的信息有：学号、姓名、QQ、电话号码，如图 5.1 所示。

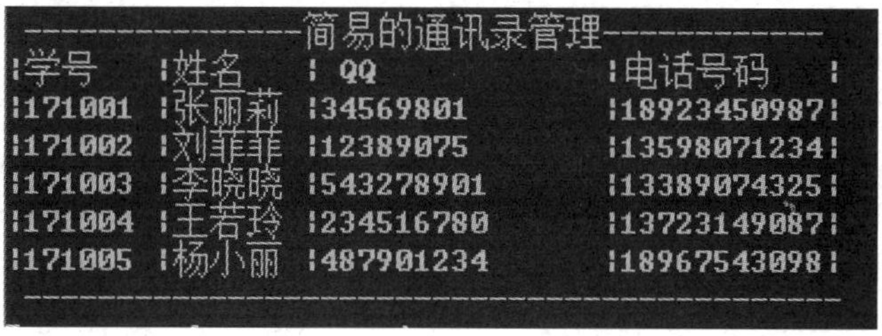
---------------简易的通讯录管理------------

学号	姓名	QQ	电话号码
171001	张丽莉	34569801	18923450987
171002	刘菲菲	12389075	13598071234
171003	李晓晓	543278901	13389074325
171004	王若玲	234516780	13723149087
171005	杨小丽	487901234	18967543098

图 5.1　简易的通讯录管理系统

请利用本项目的知识帮助李聪用 C 语言编程实现一个简易的通讯录管理系统。

5.2　知识导航

到目前为止，本书所使用的都是 C 语言的基本数据类型，但是在实际问题中有些数据只靠基本数据类型无法表达，而要利用构造型数据来描述，比如经常遇到的大批量、规律排列的数据处理问题，例如：对某个班学生的成绩进行统计；对 100 个数由小到大排序；两个矩阵相乘等。用普通变量名命名每一个可变数据很麻烦，且容易出错，处理起来很不方便。再例如，在学生登记表中，姓名应为字符型数据，学号可为整型或字符型数据，年龄应为整型数据，性别应为字符型数据，成绩可为整型或实型数据。显然不能用一个数组来存放这一组数据，因为数组中各元素的类型和长度都必须一致，以便编译系统处理。为了解决上面这些问题，C 语言提供了构造类型的数据(数组、结构体、共用体类型)，其中第一类问题就可以用数组实现，第二类问题可用结构体解决。本项目主要介绍数组和结构体这两种构造类型，至于共用体类型，读者可参考一些专业书籍进行学习。

5.2.1　一维数组

数组是有序数据的集合。数组中的每一个元素都属于同一种数据类型。

1. 一维数组的定义

数组要占用内存空间，只有在声明了数组元素的数据类型和个数之后编译器才能为该数组分配合适的内存，这种声明就是数组的定义。对一维数组来说，其定义的一般形式如下：

```
类型标识符    数组名[常量表达式];
```

视频：一维数组

例如：

```
int a[10];         //表示数组名为 a，此数组有 10 个整型元素
```

说明：

(1) 类型标识符是指该数组元素的数据类型。

(2) 数组名的命名规则和变量名以及函数名的命名规则相同，只要是合法的标识符即可。

(3) 数组名后是中括号，而不是圆括号。"int a(10);"这种定义是错误的。

(4) 常量表达式表示元素的个数，即数组的大小或长度。

(5) 常量表达式中可以包括整型常量和符号常量。例如：

```
#define  N  10
int a[N];
char   b[N + 10];
```

定义 a 是有 10 个整型元素的数组名，b 是有 N + 10(即 20)个字符型元素的数组名，此处的 N 就是符号常量。

(6) 数组的大小不允许出现变量，也就是说，系统不允许对数组的大小做动态定义。

例如，像下面这样定义数组就是错误的：

```
int   n;
scanf ("%d",&n);
int   a[n];
```

(7) 数组名(如 a)表示该数组中第一个元素(如 a[0])的地址，即 a 和&a[0]同值。数组名就是数组的首地址，是地址常量。数组定义后，计算机就会为数组分配一段连续的存储单元，而且数组元素是依次存放的。例如在 int a[10]中，数组元素按照 a[0]，a[1]，…，a[9]的顺序依次存储。

(8) 同类型数组可一起定义，用逗号隔开。例如：

```
int a[10],b[20];
```

2. 一维数组元素的引用

与变量一样，数组必须先定义，再使用，并且只能逐个引用数组元素，而不能一次引用整个数组。

引用一维数组元素的一般形式如下：

```
数组名[下标]
```

例如，对前面的数组 a，可以用 a[2]、a[i]、a[i+j]等来表示 a 的某个元素(其中 i，j 为已取值的整型变量)。通常情况下，数组下标会配合循环一起使用，但要注意下标的取值范围：

$$0≤下标≤元素个数-1$$

数组下标可以是整型常量或者整型表达式。例如：

```
int   a[10];        //定义数组
```

要正确地引用数组元素：

```
a[0]、a[2*3]、a[10-6]、a[2*3-2+1]       (正确的数组元素的引用)
a[2.5]、a[10]                          (错误的数组元素的引用)
```

【例 5-1】 将从 1 开始的 10 个奇数逆序输出。

程序如下：

```
#include <stdio.h>
void main( )
{
    int   i, a[10];
    for(i=0;i<=9;i++)
        a[i]= 1+2*i;
    for(i=9;i>=0;i--)
    printf("%d",a[i]);
}
```

在第 1 个 for 循环的第 2 个表达式中写上数组的最大下标可以预防"丢一错误"，初学者最好写成"i<=9"，而不写成"i<10"这种形式。

3. 一维数组的初始化

上面程序中对数组元素的赋值是通过循环语句实现的，这要占用运行时间。事实上，还可以在定义一个数组变量的同时就给它赋值，这称为数组的初始化。数组的初始化有以下情况：

(1) 对全部数组元素初始化。例如：

```
int   a[5]={1,2,3,4,5};
```

这种方法是将初始化的值放在花括号中并以逗号分开，按它们出现的顺序分别赋给数组的第 0 号，第 1 号，…，第 i 号元素。这相当于进行以下赋值：a[0]=1；a[1]= 2；a[2]=3；a[3]=4；a[4]=5。

(2) 只给部分数组元素赋初值。这又可分为两种情况：

① 如果只给数组的前半部分元素赋初值，可连续写出初值。例如：

```
int   a[5]={1,2};
```

其作用是把 1 赋给 a[0]，把 2 赋给 a[1]，而对后面的元素全部自动赋以初值 0。

② 如果只给数组的后半部分元素或某些不连续的元素赋初值，则花括号中分隔数值的逗号不能缺少，把要赋的值写入适当的地方，而不予赋值的地方应写 0(对数值型数组赋值)。例如：

```
int a[5]={0,3,0,7,9};
```

这里对数组元素 a[1]、a[3]、a[4]赋了初值 3、7、9，而 a[0]、a[2]元素值均为 0。

(3) 对全部元素赋初值时，可以不指定数组长度。例如：

```
int x[5]={1,2,3,4,5};
```

等价于

```
int x[]={1,2,3,4,5};
```

(4) 动态赋值即用循环语句配合 scanf()函数逐个对数组元素进行赋值(比较常用)。

【例 5-2】　从键盘输入任意 10 个整数，找出其中最大的数并输出这个数。

程序如下：

```
#include <stdio.h>
void main()
{
    int   i,a[10],max;
    printf("请输入 10 个整数：\n");
    for(i=0;i<=9;i++)
    scanf("%d",&a[i]);
    max=a[0];
    for(i=1;i<10;i++)
    if(a[i]>max)   max=a[i];
    printf("10 个整数的最大值是%d",max);
}
```

数组初始化时的常见错误有以下两种：

(1) 在实际数值之间留有空位。例如：

```
int a[5]={1,,3,,5};
```

该语句是错误的，因为在 1 和 3 之间、3 和 5 之间必须有具体数值，即使是 0 也必须写上。

（2）初始值的个数大于元素的个数。例如：

```
int a[5]={1,2,3,4,5,6};
```

该语句是错误的，因为数组只有 5 个元素，而赋值时提供了 6 个初值，这会造成编译错误。

5.2.2　字符数组

用来存放字符型数据的数组是字符数组，即数组中的每个元素类型都是字符型。

1. 一维字符数组

1）一维字符数组的定义

字符数组与前面介绍的数值型数组的定义形式相同，只是数组元素的类型是字符型，例如 "char c[10];"。

由于字符型和整型通用，也可以定义为 "int c[10];"，但这时每个数组元素占 2 个字节的内存单元，比较浪费空间。

视频：字符数组

2）一维字符数组的初始化

（1）字符数组在定义时对元素逐个进行初始化赋值。例如：

```
char c[8]={'I',' ','a',' ','b','o','y','! '};
```

该语句把这 8 个字符分别赋值给 c[0]～c[7]共 8 个数组元素。

（2）当对全体元素赋初值时，可以省去长度说明。例如：

```
char c[ ]={'C',' ','P','r','o','g','r','a','m'};
```

这时数组 c 的长度自动定义为 9。

在 C 语言中没有专门的字符串变量，通常用一个字符数组来存放一个字符串。前面介绍字符串常量时，已说明字符串总是以 '\0' 作为结束符，因此当把一个字符串存入一个数组时，也把结束符 '\0' 存入数组。有了 '\0' 标志后，就不必再用字符数组的长度来判断字符串的长度了。

（3）C 语言允许用字符串的方式对数组进行初始化赋值。例如：

```
char c[ ]={'C',' ','P','r','o', 'g','r','a' ,'m'};
```

可写为

```
char c[ ]={"C Program"};
```

或去掉"{}"写为

```
char c[ ]="C Program";
```

用字符串方式赋值比用字符逐个赋值要多占一个字节，以存放字符串结束标志 '\0'。上面的数组 c 在内存中的实际存放情况如下：

C		P	r	o	g	r	a	m	\0

'\0' 是由 C 语言编译系统自动加上的。由于采用了 '\0' 标志，因此在用字符串赋初值时一般无须指定数组的长度，而由系统自行处理。

3）一维字符数组的输入和输出

对于字符数组，可以逐个地输入和输出字符，也可以一次性整体输入和输出字符数组

中的字符串。

(1) 逐个地输入和输出字符的方式。例如，把字符数组 char a[]="Student" 中的字符逐个输出，其格式符是"%c"：

```
for(i=0;i<8;i++)
printf("%c",a[i]);
```

(2) 整体输入和输出字符数组中字符串的方式。例如，把字符数组 char a[]="Student" 中的字符串整体输出，其格式符是"%s"：

```
printf("%s",a);
```

说明：

① 用"%s"格式符输出字符串时，printf( )函数的输出项是字符数组名，而不是数组元素名。

② 如果数组长度大于字符串的实际长度，那么遇到 '\0' 结束标志时输出结束。

③ 如果一个字符数组中包含一个以上 '\0' 结束标志，那么遇到第一个 '\0' 时输出结束。

【例 5-3】 举例说明字符串的输入和输出。

程序如下：

```
void main( )
{
    char st[15];
    scanf("%s",st);
    printf("%s",st);
}
```

说明：本例中，由于定义数组长度为 15，因此输入的字符串长度必须小于 15，以留出一个字节用于存放字符串结束标志 '\0'。应该注意的是，对一个字符数组，如果不做初始化赋值，则必须声明数组长度。还应该特别注意的是，当用 scanf( )函数输入字符串时，遇到空格或回车则输入结束，所以字符串中不能含有空格，否则遇到空格后将结束处理。

【例 5-4】 从键盘任意输入 4 位同学的姓名，并将其输出。

程序如下：

```
#include <stdio.h>
void main( )
{
    char    name1[20],name2[20],name3[20],name4[20];
    printf("请输入 4 位同学的姓名：\n");
    scanf("%s%s%s%s", name1,name2,name3,name4);
    printf("4 位同学姓名分别是：\n");
    printf("%s\n%s\n%s\n%s\n", name1,name2,name3,name4);
}
```

本程序定义了 4 个字符数组分别存放 4 位同学的姓名,字符串输入的控制格式符是%s。请读者思考：如图 5.2 所示的输入，程序能正常输出吗？

图 5.2　程序输入示意图

程序运行结果如图 5.3 所示。

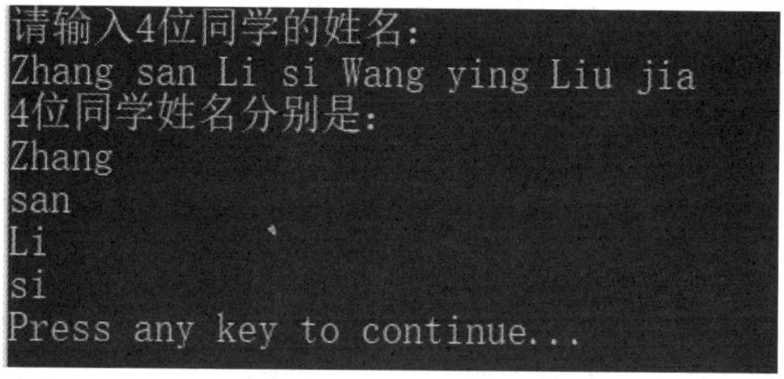

图 5.3　例 5-4 的程序运行结果

可以看出这并不是我们想要的结果，其原因是格式符 "%s" 会以空格作为隔断进行输出。那么 C 语言怎样解决字符串空格的输入问题呢？

2. 字符处理函数

C 语言提供了丰富的字符处理函数，如字符的输入、输出、合并、修改、比较、转换、复制函数等。使用这些函数可大大减轻编程的负担。使用输入和输出的字符函数时，程序应包含头文件 "stdio.h"；使用其他字符串函数时，应包含头文件 "string.h"。下面介绍几个最常用的字符串函数和字符函数。

1) 字符串输出函数——puts( )

格式：puts(字符数组名)

功能：把字符数组中的字符串输出到终端，即在屏幕上显示该字符串。

【例 5-5】 举例说明 puts( )函数的使用方法。

程序如下：

```c
#include "stdio.h"
void main( )
{
    char    c[ ]= "hangzhou";
    puts(c);
    char a[ ]= "China\nHangzhou";
    puts(a);
}
```

程序运行结果如图 5.4 所示。

```
hangzhou
China
Hangzhou
Press any key to continue...
```

图 5.4 例 5-5 的程序运行结果

说明：从程序中第二个 puts( )可以看出 puts( )函数中可以使用转义字符，因此输出结果分为两行；puts( )函数完全可以被 printf( )函数取代；当需要按一定格式输出时，通常使用 printf( )函数。

2) 字符串输入函数——gets( )

格式：gets(字符数组名)

功能：从标准输入设备(比如键盘)上输入一个字符串。本函数得到一个函数值，即该字符数组的首地址。gets( )函数允许输入空格，以回车作为输入结束标志。

【例 5-6】 举例说明 gets( )函数的使用方法。

程序如下：

```
#include "stdio.h"
void main( )
{
    char str[10];
    gets(str);
    puts(str);
}
```

说明：当输入的字符串中含有空格时，输出仍为全部字符串，这说明 gets( )函数并不以空格作为字符串输入结束标志，而只以回车作为输入结束标志，这是与 scanf( )函数不同的；还要注意的是用 puts( )和 gets( )函数只能输入或输出一个字符串，不能写成 gets(s1,s2)。

修改例 5-4 程序如下：

```
#include <stdio.h>
void main( )
{
    char   name1[20],name2[20],name3[20],name4[20];
    printf("请输入 4 位同学的姓名：\n");
    gets(name1);
    gets(name2);
    gets(name3);
    gets(name4);
    printf("4 位同学姓名分别是：\n");
    printf("%s\n%s\n%s\n%s\n", name1,name2,name3,name4);
}
```

程序运行结果如图 5.5 所示。

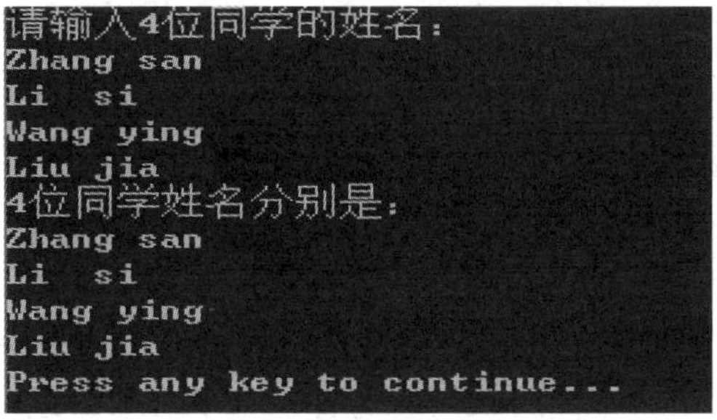

图 5.5　例 5-4 程序修改后的运行结果

从输出结果可以看出，如果输入字符串中有空格，可以用 gets( )函数来实现。上面讲到要使用输入和输出字符串函数，在程序中须包含"stdio.h"，而下面要介绍的一系列字符串函数在程序中需要包含"string.h"头文件才能正常使用。

3) 字符串连接函数——strcat( )

格式：strcat(字符数组名 1，字符数组名 2)

功能：把字符数组 2 中的字符串连接到字符数组 1 中字符串的后面，并删除字符串 1后的串结束标志 '\0'，函数返回值是字符数组 1 的首地址。

【例 5-7】　举例说明 strcat( )函数的使用方法。

程序如下：

```c
#include <string.h>
#include<stdio.h>
void main( )
{
    char    str1[30]="My name is ";
    char    str2[10];
    printf("请输入你的姓名：\n");
    gets(str2);
    strcat(str1,str2);
    puts(str1);
}
```

说明：本程序的功能是把初始化赋值的字符数组与动态赋值的字符串连接起来。要注意的是，字符数组 1 应定义足够的长度，否则被连接的字符串不能全部存入该数组中。

4) 字符串复制函数——strcpy( )

格式：strcpy(字符数组名 1，字符数组名 2)

功能：把字符数组 2 中的字符串复制到字符数组 1 中，串结束标志'\0'也一同被复制。

【例 5-8】　举例说明 strcpy( )函数的使用方法。

程序如下：

```c
#include <string.h>
#include<stdio.h>
void main( )
```

```
{
    char    str1[20],str2[]="My name is lee";
    strcpy(str1,str2);
    puts(str1);
}
```

说明：字符数组 1 应定义足够的长度，否则字符数组 2 不能全部被复制到字符数组 1 中。函数中字符数组 2 也可以是一个字符串常量，例如，"strcpy(str1, "China");"，这相当于把字符串赋给一个字符数组。不能用赋值语句将一个字符串数组或字符串常量直接赋给一个字符数组，如"str1="China";"或"str1=str2;"都是不合法的。

5) 字符串比较函数——strcmp( )

格式：strcmp(字符数组名 1，字符数组名 2)

功能：按照 ASCII 码顺序(即字典顺序)比较两个数组中的字符串，并由函数返回值返回比较结果。

如果字符串 1=字符串 2，则函数值为 0；

如果字符串 1>字符串 2，则函数值为一正整数；

如果字符串 1<字符串 2，则函数值为一负整数。

本函数也可用于比较两个字符串常量，或比较数组和字符串常量。

【例 5-9】 举例说明 strcmp( )函数的使用方法。

程序如下：

```
#include "string.h"
#include <stdio.h>
void main( )
{
    int k;
    char st1[15],st2[]="C Language";
    printf("请输入一个字符串:\n");
    gets(st1);
    k=strcmp(st1,st2);
    if (k==0)    printf("%s 与%s 相等。\n",st1,st2);
    if (k>0)     printf("%s 大于%s。\n",st1,st2);
    if (k<0)     printf("%s 小于%s。\n",st1,st2);
}
```

程序运行结果如图 5.6 所示。

图 5.6　例 5-9 的程序运行结果

6) 测字符串长度函数——strlen( )

格式：strlen(字符数组名)

功能：检测字符串的实际长度(不含字符串结束标志'\0')，函数返回值为字符串长度。

例如：

```
char str[10]= "China";
printf("%d",strlen(str));
```

其输出结果不是 10，也不是 6，而是 5。该函数也可以直接检测字符串常量的长度，如"strlen("China")"。

通过这个函数，在循环控制中可以实现扫描字符串结束的控制。

【例 5-10】 从键盘任意输入一个字符串，分别统计该字符串中字母、数字以及其他字符的个数。

程序如下：

```
#include "string.h"
#include <stdio.h>
void main( )
{
    int    n,i,zm,sz,other;
    char s[100];
    printf("请输入一个字符串:\n");
    gets(s);
    zm=sz=other=0;      //字母、数字、其他字符统计个数初始化
    for(i=0;i<strlen(s);i++)    //可以修改成  for(i=0;s[i]!='\0';i++)
        {if(s[i]>='a'&&s[i]<='z'|| s[i]>='A'&&s[i]<='Z')    zm++;
            else if(s[i]>='0'&&s[i]<='9')     sz++;
                else    other++;}
    printf("字母%d 个，数字%d 个，其他字符%d 个 \n",zm,sz,other);
}
```

程序运行结果如图 5.7 所示。

图 5.7 例 5-10 的程序运行结果

在使用下面介绍的字符函数时，程序中需要包含"ctype.h"头文件，函数的具体介绍见附录 3。

7) strlwr(字符串)

功能：将字符串中的大写字母转换成小写字母。

与 strlwr( )功能相反的函数是 strupr( )。

8) toupper(字符)

功能：将小写字母转换成大写字母。

与 toupper( )功能相反的函数是 tolower( )。

以上介绍的只是 C 语言中的部分函数，其实 C 语言还提供了很多其他库函数，有需要的读者可以参考相关资料或本书附录 3。

前面介绍了字符串的输入和输出函数 gets( )和 puts( )，其实 C 语言也提供了单个字符的输入和输出函数，即 getchar( )和 putchar( )。同理，要使用这两个函数，程序中必须包含"stdio.h"头文件。

单个字符的输出函数的格式：

```
putchar(字符变量或字符常量);
```

单个字符的输入函数的格式：

```
字符变量 = getchar( );
```

【例 5-11】 利用单个字符的输入和输出函数，从键盘上输入任意一个字符，并将该字符输出在显示器上。

程序如下：

```c
#include <stdio.h>
main( )
{
    char ch;
    puts("请输入任意一个字符:");
    ch=getchar( );
    puts("显示输入的字符:");
    putchar(ch);
}
```

程序运行结果如图 5.8 所示。

图 5.8   例 5-11 的程序运行结果

5.2.3   结构体

前面已经介绍了构造类型的数组，即数组是同一类型数据的集合，但是在实际应用中经常会遇到将各种不同类型的数据组合起来的情况。例如一个学生的信息由学号、姓名、年龄、成绩等数据项组成，其实质就是各种二维表格，如果将学号(num)、姓名(name)、年龄(age)、成绩(score)分别定义为互相独立的变量，则很难反映这些变量间的内在联系，而且 C 语言没有提供直接表达这种关系的数据类型，因此用户必须在程序中建立自己所需的数据类型，称这样的数据类型为"结构体"。

1. 结构体类型定义

结构体类型定义的一般形式如下：

```
struct  结构体名
{
    成员列表
};
```

说明：

(1) struct 是声明结构体类型时必须使用的关键字，不能省略。

(2) 结构体名是一个类型名，它和基本数据类型有着同样的地位和作用，都可以用来定义变量的类型，只不过这种类型需要用户自己制定。

(3) 成员列表由若干个成员组成，每个成员都是该结构的一个组成部分。对每个成员必须作类型说明，其形式如下：

视频：结构体

```
类型说明符    成员名;
```

(4) 大括号和外面的分号都不能省略。

结构体和成员的命名应符合标识符的书写规定。例如：

```
struct student
{
    int num;
    char name[20];
    int    age;
    float    score;
};
```

在这个结构定义中，结构体名为 student，该结构体由 4 个成员组成：第 1 个成员是 num(学号)，为整型变量；第 2 个成员是 name(姓名)，为字符数组；第 3 个成员是 age(年龄)，为整型变量；第 4 个成员是 score(成绩)，为实型变量。应注意括号后的分号是不可缺少的。结构体定义之后，即可进行变量说明。凡说明为结构体 student 的变量都由上述 4 个成员组成。由此可见，结构体是一种复杂的数据类型，是数目固定、类型不同的若干有序变量的集合。

简易通讯录管理系统的结构体类型定义如下：

```
struct stu
{
    char id[10];            //学号
    char name[10];          //姓名
    char qq[20];            //QQ 号
    char tel[20];           //电话
};
```

2. 定义结构体变量

同基本类型变量以及数组一样，结构体变量也必须先定义，再使用。定义结构体变量有以下 3 种方法，现以前面定义的 student 为例加以说明。

(1) 先定义结构体类型，再定义结构体变量。

如已经定义好了结构体类型 student，则可以定义结构体变量。例如：

```
struct student
{
    int   num;
    char name[20];
    int   age;
    float   score;
};
struct student  st1，st2;
```

该程序段定义了 st1 和 st2 为 student 结构体类型的两个变量。

(2) 在定义结构体类型的同时定义结构体变量。例如：

```
struct student
{
    int   num;
    char name[20];
    int   age;
    float   score;
}st1,st2;
```

(3) 直接定义结构体变量。例如：

```
struct
{
    int   num;
    char name[20];
    int   age;
    float   score;
}st1,st2;
```

第 3 种方法与第 2 种方法的区别在于，第 3 种方法中省去了结构体名，而直接给出结构体变量。

在上述结构体类型定义中，所有的成员都是基本数据类型或数组类型。成员也可以是一个结构体，即构成嵌套的结构体。例如，按图 5.9 描述的数据结构，可给出以下结构体定义：

```
struct date
{
```

```
        int month;
        int day;
        int year;
    };
    struct student
    {
        int num;
        char name[20];
        struct date    birthday;
        float score;
    }st1,st2;
```

num	name	birthday			score
		month	day	year	

图 5.9　student 结构体类型的构成

首先定义一个结构体 date，它由 month(月)、day(日)、year(年) 3 个成员组成。在定义并说明结构体变量 st1 和 st2 时，其中的成员 birthday 被说明为 date 结构体类型。

需要说明的是，成员名可与程序中的其他变量同名，互不干扰。在程序中使用结构体变量时，往往不把它作为一个整体来使用。

3. 结构体变量的使用

在 C 语言中除了允许具有相同类型的结构体变量相互赋值以外，一般对结构体变量的使用，包括赋值、输入、输出、运算等，都是通过结构体变量成员来实现的。

引用结构体变量成员的一般形式如下：

结构体变量名.成员名

例如：

st1.num　(即学生 st1 的学号)
st2.age　(即学生 st2 的年龄)

引用结构体变量时应该注意以下几点：

(1) 不能将一个结构体变量作为一个整体输入/输出，而应以引用逐个成员的方式来实现输入/输出。例如，假设已定义了 st1 变量且赋值，不能使用如下表达：

scanf("%d,%s,%d,%f",st1);

正确的表达如下：

scanf("%d,%s,%d,%f",&st1.num,st1.name,&st1.age,&st1.score);

(2) 如果出现了嵌套结构体，则要逐级找到最低的一级成员。例如，对于前面已定义好的 st1 变量，如果要访问 month 成员，则应该表达为"st1.birthday.month"。

(3) 可以引用结构体变量成员的地址，也可以引用结构体变量的地址。例如：

```
    scanf("%d",& st1.num);              //输入 st1.num 的值
    printf("%d",&st1);                  //输出 st1 的首地址
```

4. 结构体变量的初始化

和其他类型变量一样，结构体变量也可以在定义时指定初始值。

【例 5-12】 外部结构体变量的初始化。

程序如下：

```
    void main( )
    {
        struct student
        {
            int    num;
            char name[20];
            int age;
            float score;
        }st1,st2={102,"zhang ping",18,78.5};
        printf("number=%d\nname=%s\n",st2.num,st2.name);
        printf("age=%d\nscore=%f\n",st2.age,st2.score);
    }
```

5. 结构体数组

如果数组的元素是结构体类型，则可以构成结构体数组。在实际应用中，经常用结构体数组来表示具有相同数据结构的一个群体，如一个班的学生档案、一个车间职工的工资表、学生通讯录等。针对这种批量信息处理问题仅用单个结构体变量是无法解决的，需要使用数组，此时数组的类型是结构体类型，这种数组称为"结构体数组"。

视频：结构体数组

1) 结构体数组的定义

结构体数组的定义方法和结构体变量的相似，只需说明它为数组类型即可。例如：

```
    struct student
    {
        int    num;
        char    name[20];
        int    age;
        float    score;
    }s[5];
```

该程序段定义了一个结构体数组 s，共有 5 个元素 s[0]~s[4]，每个数组元素都具有 student 结构体类型。

2) 结构体数组的初始化

与其他类型的数组一样, 结构体数组也可以初始化。例如:

```
struct student
{
    int    num;
    char    name[20];
    int    age;
    float    score;
}s[5]={{101, "Li Ping",17,45},
        {102,"Zhang Ping",18,62.5},
        {103,"He Fang",17,92.5},
        {104,"Chen Ling",19,87},
        {105, "Wang Ming",18,58}};
```

当对全部元素作初始化赋值时, 也可不给出数组长度。

简易通讯录管理系统的结构体数组的定义及初始化如下:

```
struct stu
{
    char id[10];            //学号
    char name[10];          //姓名
    char qq[20];            //QQ 号
    char tel[20];           //电话
}s[3]={{"101","Li Ping","20720959","13123955991"},
        {"102","Zhang Ping","207209566","13623955991"},
        {"103","He Fang","20720879","13723955991"},};
```

【例 5-13】 已知学生成绩表, 计算学生的平均成绩和不及格的人数。

程序如下:

```
#include <stdio.h>
void main( )
{
    struct student
    {
        int    num;
        char    name[20];
        char    sex;
        float    score;
    }st[5]={{101,"Li Ping",'M',45},
            {102,"Zhang Ping",'M',62.5},
```

```
                {103,"He Fang",'F',92.5},
                {104,"Chen Ling",'F',87},
                {105,"Wang Ming",'M',58}};
        int    i,count=0;
        float    ave, s=0;
        for(i=0;i<5;i++)
        {
            s+=st[i]. score;
            if (st[i]. score<60)
                count++;
        }
        printf( "s=%f\n",s);
        ave=s/5;
        printf("average=%f\ncount=%d\n",ave,count);
    }
```

请读者自行分析代码及运行结果。

5.3 项目分析与实现

1. 项目分析

现在运用前面所介绍的知识来实现简易通讯录管理系统。本项目的要求是：先输入通讯录信息，然后以表格的形式输出所有通讯录信息。

1) 定义变量

编程的第一步一般是定义变量，这时要明确程序需要用到哪些变量以及什么类型的变量。

本项目需要定义几个变量呢？学生的学号、姓名、QQ 和电话号码，这几个变量有的是字符型变量，有的是整型变量，涉及不同类型的数据，要解决这种问题，就要用到结构体。学生有多个，因此需要用到结构体数组。

定义如下：

```
struct stu
{
    char id[10];              //学号
    char name[10];            //姓名
    char qq[20];              //QQ
    char tel[20];             //电话号码
}s[5];
```

说明：本项目实现 5 个学生信息的输入和输出。

2) 数据赋值

变量定义之后，就要对变量赋值，可以直接赋值，也可以通过使用 scanf( )函数让用户输入数据。本项目通过 scanf( )函数赋值。

```
for (i=0;i<N;i++)
{
    printf("第%d 个学生信息\n",i+1);
    scanf("%s%s%s%s",student[i].id,student[i].name,student[i].qq,student[i].tel);
}
```

3) 数据处理

数据处理一般是进行各种计算，即对数据作出各种处理以便得出我们需要的结果。

4) 输出结果

程序的最后是输出统计结果。编程的目的就是让计算机帮助我们处理数据从而得出结果。

2. 项目实现

代码如下：

```
#include <stdio.h>
#include "string.h"
#define N 5                 //学生人数
struct stu
{
    char id[10];            //学号
    char name[10];          //姓名
    char qq[20];            //QQ
    char tel[20];           //电话号码
};
main( )
{  struct stu student[N];
    int i;
    printf("请输入%d 个学生的学号、姓名、QQ、电话号码\n",N);
    for (i=0;i<N;i++)
    {printf("第%d 个学生信息\n",i+1);
     scanf("%s%s%s%s",student[i].id,student[i].name,student[i].qq,student[i].tel);
    }
    printf(" -------------简易的通讯录管理-----------\n");
    printf("|学号\t|姓名\t| QQ\t|电话号码      |\n");
    for(i=0;i<N;i++)
    printf("|%s\t|%s\t|%s\t|%s|\n",student[i].id,student[i].name,student[i].qq,student[i].tel);
    printf (" ---------------------------------------\n");

}
```

5.4　知 识 延 伸

5.4.1　二维数组

　　前面介绍的数组只有一个下标，称为一维数组。在实际问题中有很多量是二维的或多维的，因此 C 语言允许构造多维数组。多维数组元素有多个下标，以标识其在数组中的位置。本小节只介绍二维数组，多维数组可由二维数组类推得到。

视频：二维数组

1. 二维数组的定义

　　二维数组定义的一般形式如下：

　　　　类型标识符　数组名[整型常量表达式 1] [整型常量表达式 2];

　　其中：常量表达式 1 表示第一维下标的长度；常量表达式 2 表示第二维下标的长度。

　　例如：

　　　　int　a[3][4];

说明了一个 3 行 4 列的数组，数组名为 a，其下标变量的类型为整型。该数组的下标变量共有 3×4 个，即

　　　　a[0][0]，a[0][1]，a[0][2]，a[0][3]
　　　　a[1][0]，a[1][1]，a[1][2]，a[1][3]
　　　　a[2][0]，a[2][1]，a[2][2]，a[2][3]

　　二维数组在概念上是二维的，即其下标在两个方向上变化，下标变量在数组中的位置也处于一个平面之中，而不像一维数组只是一个向量。但是，实际的硬件存储器却是连续编址的，也就是说存储器单元是按一维线性排列的。在一维存储器中存放二维数组有两种方式：一种是按行排列，即放完一行之后再顺次放入第二行；另一种是按列排列，即放完一列之后再顺次放入第二列。在 C 语言中，二维数组是按行排列的，即先存放 a[0]行，再存放 a[1]行，最后存放 a[2]行；每行中的 4 个元素也是依次存放的。因为数组 a 为 int 类型，该类型数据占两个字节的内存空间，所以每个数据元素均占用两个字节的内存空间。

2. 二维数组元素的引用

　　二维数组元素的表示形式如下：

　　　　数组名[行下标][列下标]

　　其中：下标应为整型常量或整型表达式。例如，a[3][4]表示 a 数组中第 3 行第 4 列的元素。二维数组的下标变量和一维数组在形式上有些相似，但两者具有完全不同的含义。数组说明的方括号中给出的是某一维的长度，即可取下标的最大值；而数组元素中的下标是该元素在数组中的位置标识。前者只能是常量，后者可以是常量、变量或表达式。

　　在使用数组元素时，下标值应在已定义的数组大小的范围内。例如定义数组 a[3][4]，其可用的行下标范围是 0～2，列下标范围是 0～3。

3. 二维数组的初始化

二维数组的初始化也是在进行类型说明时给各数组元素赋初值。二维数组可按行分段赋值，也可按行连续赋值。

例如，对数组 a[4][3]按行分段赋值可写为

```
int a[4][3]={{80,75,92},{61,65,71},{59,63,70},{85,87,90}};
```

按行连续赋值可写为

```
int a[4][3]={80,75,92,61,65,71,59,63,70,85,87,90};
```

这两种赋初值的结果是完全相同的。

对于二维数组初始化赋值有以下几点说明：

(1) 可以只对部分元素赋初值，未赋初值的元素自动取 0。例如：

```
int a[3][3]={{1},{2},{3}};
```

该语句的功能是对每一行的第一列元素赋值，未赋值的元素取 0。赋值后各元素的值为

$$\begin{bmatrix} 1 & 0 & 0 \\ 2 & 0 & 0 \\ 3 & 0 & 0 \end{bmatrix}$$

又如：

```
int a[3][3]={{0,1},{0,0,2},{3}};
```

赋值后各元素的值为

$$\begin{bmatrix} 0 & 1 & 0 \\ 0 & 0 & 2 \\ 3 & 0 & 0 \end{bmatrix}$$

(2) 如对全部元素赋初值，则第一维的长度可以不给出，但是第二维的长度不能省略。例如：

```
int a[3][3]={1,2,3,4,5,6,7,8,9};
```

可以写为

```
int   a[][3]={1,2,3,4,5,6,7,8,9};
```

(3) 可以利用 scanf( )函数与循环结合赋值。例如：

```
int   a[3][4],i,j;
for(i=0;i<3;i++)
    for(j=0;j<4;j++)
    scanf("%d",&a[i][j]);
```

该方法也是比较常用的一种方法。注意不要忘记取地址符。

如二维数组 a[3][4]，可分解为 3 个一维数组，其数组名分别为 a[0]、a[1]、a[2]。对

这 3 个一维数组不需另作说明便可使用。这 3 个一维数组都有 4 个元素，例如：一维数组 a[0]的元素为 a[0][0]，a[0][1]，a[0][2]，a[0][3]。必须强调的是，a[0]、a[1]、a[2]不能当作数组元素使用，它们是数组名，不是单纯的数组元素，该知识点在学习指针的时候非常重要。

【例 5-14】 将一个二维数组的行元素和列元素互换，存到另一个二维数组中。例如：

$$a = \begin{bmatrix} 1 & 2 & 3 \\ 4 & 5 & 6 \end{bmatrix} \quad b = \begin{bmatrix} 1 & 4 \\ 2 & 5 \\ 3 & 6 \end{bmatrix}$$

分析：这是典型的矩阵行列置换，思路比较简单。
程序如下：

```
#include <stdio.h>
void main( )
{   int a[2][3]={{1,2,3},{4,5,6}};
    int i,j,b[3][2];
    printf("数组 a 的元素：\n");
    for(i=0;i<=1;i++)
    {for(j=0;j<=2;j++)
        {printf("%5d",a[i][j]);
            b[j][i]=a[i][j];}
     printf("\n");}
     printf("数组 b 的元素:\n");
     for(i=0;i<=2;i++)
    {for(j=0;j<=1;j++)
        printf("%5d",b[i][j]);
        printf("\n");}
    }
```

程序运行结果如图 5.10 所示。

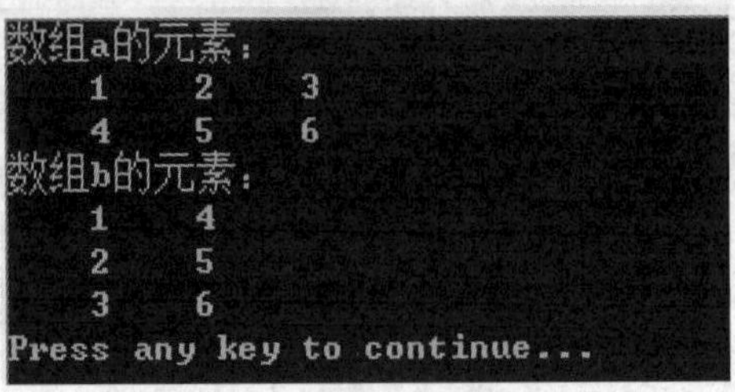

图 5.10 例 5-14 的程序运行结果

【例 5-15】 输入五个同学三门课的成绩并输出。

程序如下:

```c
#include "stdio.h"
#define N 5
main( )
{
    int i,j;
    int score [N][3];
    printf("请输入五个同学三门课的成绩:\n");
    for (i=0;i<N;i++)
        for(j=0;j<3;j++)
            scanf("%d",&score[i][j]);
    printf("输出五个同学三门课的成绩:\n");
    for (i=0;i<N;i++)
    {
        printf("第%d 位同学:",i+1);
        for(j=0;j<3;j++)
            printf("%5d",score[i][j]);
        printf("\n");
    }
}
```

程序运行结果如图 5.11 所示。

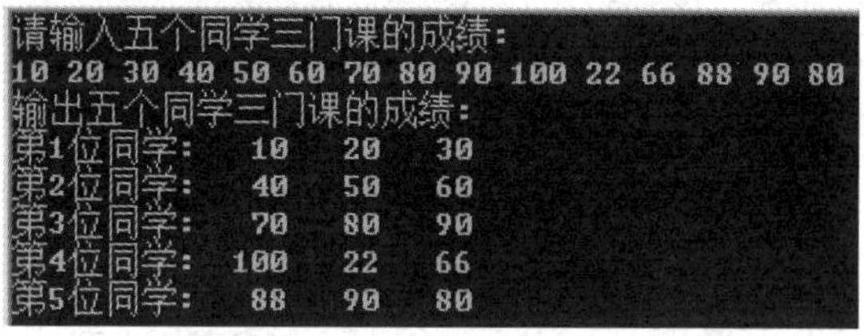

图 5.11　例 5-15 的程序运行结果

5.4.2　两种常用的排序算法

通过分析一维数组的成因及效果,人们可以发现守序和处理效率提升是成正比的关系。推而广之,人们同样可以发现另外一件事,那就是在现实生活中,守序和效率提升同样是成正比的关系。守序,是效率的基础。在国际经贸往来中,是否守序,更是决定着业务能否成交、合作是否顺利。有时,守序带来的不仅仅是时间成本的节约,甚至可能是生命的保全。

守序,孕育着和谐。"大道之行也,天下为公,选贤与能,讲信修睦。故人不独亲其亲,不独子其子,使老有所终,壮有所用,幼有所长,鳏寡孤独废疾者,皆有所养,男有分,女有归"古人所描绘的大同世界是一个秩序井然的理想社会。而我们今天正在努力构建的和谐社会既是一个充满活力的社会,也是一个安定有序的社会。守序,正是社会和谐的基础和前提,也是我们每个人安居乐业的保障。只有每一个人都成为社会稳定、社会和谐的建设者、推动者和维护者，和谐城市、和谐家园才能真正成为美好现实。做为一名新时代的大学生，更应该以身作则，成为一名守序模范。

1. 冒泡排序

冒泡排序的基本思想(升序排序)：通过相邻两个数之间的比较和交换，使排序码(数值)较小的数逐渐从底部移向顶部，排序码较大的数逐渐从顶部移向底部。排序过程就像水底的气泡一样逐渐向上冒，故而得名。

【例 5-16】 用冒泡排序方法对 7 个整数排序(由小到大)。

冒泡排序的过程很简单。首先将数组的第一个元素和第二个元素进行比较，若 a1>a2，则将两者交换，然后比较 a2 和 a3，依次类推，直到 a5 和 a6 进行比较后为止，这称为第一趟冒泡排序，其结果是数组中最大的元素移到了 a6 位置。然后进行第二趟冒泡排序，即对前面 6 个元素进行同样的过程。下面展示一个含有 7 个元素的冒泡排序实例。

```
49   38   65   97   76   13   27        初始数组元素
38   49   65   76   13   27   97        第一趟排序后
38   49   65   13   27   76              第二趟排序后
38   49   13   27   65                   第三趟排序后
38   13   27   49                        第四趟排序后
13   27   38                             第五趟排序后
```

视频：冒泡排序

程序如下：

```c
#include <stdio.h>
#define N 7                      //宏替换方便更改排序个数
void main( )
{
    int a[N];
    int i,j,t;
    printf("请输入 N 个整数：\n");
    for(i=0;i<N;i++)
    scanf("%d",&a[i]);
    printf("\n");
    for(i=1;i<N;i++)             //控制冒泡排序的趟数
        for(j=0;j<=N-i;j++)      //控制每趟的比较次数
            if(a[j]>a[j+1])
            {t=a[j];a[j]=a[j+1];a[j+1]=t;}
    printf("冒泡排序后 N 个整数：\n");
    for(i=0;i<N;i++)
    printf("%4d",a[i]);
    printf("\n");

}
```

程序运行结果如图 5.12 所示。

图 5.12　例 5-16 的程序运行结果

2. 选择排序

将数据由小到大进行简单选择排序的具体思路如下：

(1) 从(K1, K2, …, Kn)中选择最小值，假如它是 Kz，则将 Kz 与 K1 对换；

(2) 从(K2, K3, …, Kn)中选择最小值 Kz，再将 Kz 与 K2 对换；

(3) 如此进行选择和调换 n−2 趟。

(4) 第(n−1)趟，从 Kn−1 和 Kn 中选择较小的值 Kz，将 Kz 与 Kn−1 对换，最后剩下的就是该序列中的最大值，一个由小到大的有序序列就形成了。

【例 5-17】　选择排序算法的实现：输入 6 个数，对 6 个数排序(由小到大)。

程序如下：

```
#include <stdio.h>
main( )
{
    int a[6],i,j,t,k;
    printf("请输入 6 个整数：\n");
    for(i=0;i<6;i++)
    scanf("%d",&a[i]);
    for(i=0;i<5;i++)                    //进行第 i 趟排序
    {k=i;
        for(j=i+1;j<6;j++)             //选最小的记录
            if(a[k]>a[j])   k=j;        //记下目前找到的最小值所在的位置
        //在内层循环结束，也就是找到本轮循环的最小的数以后，再进行交换
        if(k!=i){t=a[i];a[i]=a[k];a[k]=t;}
    }
    printf("选择排序后 6 个整数：\n");
    for(i=0;i<6;i++)
    printf("%3d",a[i]);
    printf("\n");
}
```

程序运行结果如图 5.13 所示。

图 5.13   例 5-17 的程序运行结果

视频：选择排序和数
组名作为函数参数

5.4.3   数组名作为函数参数

使用数组名作为函数参数时，实参与形参都应使用数组名(或指针变量，见项目 6)。当数组名作为函数实参时，不是把数组的值传递给形参，而是把实参数组的起始地址传递给形参数组，实参和形参的地址是相同的，即当形参的值发生变化时，实参的值也发生了变化。

【例 5-18】 输入十个同学的成绩，用函数进行冒泡排序(降序)输出。

程序如下：

```c
#include "stdio.h"
#define N 10
void sort(int b[N ])
{
    int i,j,t;
    for (i=0;i<N-1;i++)
        for(j=i+1;j<N;j++)
            if(b[i]<b[j])
                {t=b[i];b[i]=b[j];b[j]=t;}
}
main( )
{
    int a[10],i;
    printf("请输入十个同学的成绩\n");
    for(i=0;i<10;i++)
        scanf("%d",&a[i]);
    sort(a);
    printf("排序后的成绩为:\n");
    for(i=0;i<10;i++)
        printf("%3d",a[i]);
    printf("\n");
}
```

程序运行结果如图 5.14 所示。

图 5.14　例 5-18 的程序运行结果

说明：

(1) 数组名作为函数参数，应该在主调函数和被调函数中分别定义数组，并且类型一致。比如本例中 b 是形参数组名，而 a 是实参数组名，并且在其所在函数中进行了定义，类型也都定义为 int 类型，若不一致，结果将出错。

(2) 在被调函数中声明了形参数组的大小为 10，但实际指定其大小是不起任何作用的，因为 C 语言编译器对形参数组的大小不做检查，只是将实参数组的首地址传递给形参数组。

(3) 形参数组也可不指定大小，而通过实参数组传递大小给形参。比如上面的程序可改为(这种表示方式是常用方式之一)：

```
#include "stdio.h"
void sort(int b[ ] ,int n)
{
    int i,j,t;
    for (i=0;i<n-1;i++)
        for(j=i+1;j<n;j++)
        if(b[i]<b[j])
            {t=b[i];b[i]=b[j];b[j]=t;}
}
main( )
{
    int a[10],i;
    printf("请输入十个同学的成绩\n");
    for(i=0;i<10;i++)
        scanf("%d",&a[i]);
    sort(a,10);
    printf("排序后的成绩为:\n");
    for(i=0;i<10;i++)
        printf("%3d",a[i]);
    printf("\n");
}
```

(4) 实参数组与形参数组之间的数据传递是将实参数组的首地址传递给形参数组，形参数组与实参数组占用同一个地址，所以是地址传递，即当形参的值发生变化时，实参的值也跟着变化。

5.4.4　典型算法分析

C 语言计算机等级考试涉及的算法主要有冒泡排序、选择排序、插入排序、线性查找、二分查找(折半查找)。其中冒泡排序和选择排序前面已经做了详细介绍，下面主要介绍插入排序、线性查找、二分查找(折半查找)算法的基本思想及实现方法。

1. 插入排序

基本思想：每趟将一个待排序的对象按其大小插入到已排序部分适当的位置上，直到待排序对象全部插入完为止。

(1) 一趟直接插入排序。

具体步骤：首先在当前有序区 R[1]~R[i−1]中查找 R[i]的正确插入位置 k(1≤k≤i−1)；然后将 R[k]~R[i−1]中的记录均后移一个位置，空出 k 位置上的空间插入 R[i]。

(2) 改进的方法，即查找比较操作和记录移动操作交替进行的方法。

具体步骤：将待插入记录 R[i]的关键字从右向左依次与有序区中记录 R[j](j=i−1，i−2，…，1)的关键字进行比较。① 若 R[j]的关键字大于 R[i]的关键字，则将 R[j]后移一个位置；② 若 R[j]的关键字小于或等于 R[i]的关键字，则查找过程结束，j+1 即为 R[i]的插入位置。比 R[i]的关键字大的记录均已后移，所以 j+1 的位置已经空出，只要将 R[i]直接插入此位置即可完成一趟直接插入排序。

算法的实现(升序)代码如下：

```
#include<stdio.h>
void main( )
{
    int a[10];
    int i,j,k,temp;
    printf("请输入 10 个无序的整数:\n");
    for(i=0;i<10;i++)
    scanf("%d",&a[i]);
    for(i=1;i<10;i++)          //i 控制待排序区的下标
      {
          temp=a[i];          //temp 临时存放待排序数即待排序区的第一个数
          for(j=0;j<i;j++)    //j 控制已排序区的下标
          {
              if(temp<a[j])   //如果待排序数比已排序中的 j 位置上的数小，则 temp 插入的
                              //位置就是 j 位置
              {
                  for(k=i-1;k>=j;k--)
                    {a[k+1]=a[k];}          //这个循环就是 j 位置留空
                  a[j]=temp;               //待排序 temp 插入到 j 位置上
```

```
                break;
            }
        }
    }
    for(i=0;i<10;i++)
    {printf("%d ",a[i]);}
    printf("\n");
}
```

2. 线性查找

基本思想：从表的一端开始，顺序扫描线性表，依次将扫描到的结点关键字和给定值 K 相比较。若当前扫描到的结点关键字与 K 相等，则查找成功；若扫描结束后，仍未找到关键字等于 K 的结点，则查找失败。

算法的实现代码如下：

```
#include<stdio.h>
void main( )
{
    int a[10]={91,98,17,6,5,74,3,42,12,10};
    int find=0,i,x;
    printf("请输入需要查找的数:\n");
    scanf("%d",&x);
    for(i=0;i<10;i++)
        if(x==a[i])
            {find=1;
             break; }
    if(find==1)
        printf("%d 在数组中\n",x);
    else
        printf("数组中不存在%d\n",x);
}
```

3. 二分查找

基本思想：二分查找又称折半查找，优点是比较次数少，查找速度快，平均性能好，占用系统内存较少；缺点是要求待查表为有序表，且插入删除困难。因此，二分查找方法适用于不经常变动而查找频繁的有序列表。

具体步骤：首先，假设表中元素是按升序排列的，将表中间位置记录的关键字与查找关键字做比较，如果两者相等，则查找成功；否则利用中间位置记录将表分成前、后两个子表，如果中间位置记录的关键字大于查找关键字，则进一步查找前一子表，否则进一步查找后一子表。重复以上过程，直到找到满足条件的记录，则查找成功，或直到子表不存在为止，此时查找失败。

算法的实现代码如下：

```c
#include<stdio.h>
void main( )
{
    int a[10]={1,3,7,16,25,44,53,64,82,90};
    int key,low=0,high=9,mid,find=-1;
    int i,j,t;
    printf("请输入需要查找的数:\n");
    scanf("%d",&key);
    while(low<=high)
    {
        mid=(low+high)/2;
        if(a[mid]==key)
          {find=mid;
            break; }
        else if(a[mid]<key) low=mid+1;
            else    high=mid-1;
    }
    if(find==-1)
        printf("查找失败\n");
    else
        printf("查找成功\n");
}
```

5.5　知识总结

(1) 数组是有序数据的集合。数组中的每个元素都属于同一种数据类型。

(2) 一维数组定义的一般形式：

类型标识符　数组名[常量表达式];

(3) 引用一维数组元素的一般形式：

数组名[下标]

下标的取值范围：

0≤下标≤元素个数−1

(4) 字符数组是用来存放字符型数据的数组，即数组中的每个元素都是字符型数据。

(5) 常用的字符处理函数：

① 使用下列字符处理函数时程序中应包含"stdio.h"头文件：

单字符输入函数 getchar( )、单字符输出函数 putchar( )、字符串输入函数 gets( )、字符串输出函数 puts( )。

② 使用下列字符处理函数时程序中应包含"string.h"头文件：

字符串连接函数 strcat( )、字符串复制函数 strcpy( )、字符串比较函数 strcmp( )、测字符串长度函数 strlen( )等。

③ 使用下列字符处理函数时程序中应包含"ctype.h"头文件：

检测某字符是否是数字函数 isdigit( )、检查字符是否是小写字母函数 islower( )、检查字符是否是大写字母函数 isupper( )、将大写字母转换成小写字母函数 tolower( )、将小写字母转换成大写字母函数 toupper( )等。

(6) 结构体是将相关联的不同类型数据组合起来的构造类型之一。

(7) 结构体类型定义的一般形式：

```
struct  结构体名
{
    成员列表
};
```

(8) 定义结构体变量的三种方法：

① 先定义结构体类型，再定义结构体变量；

② 在定义结构体类型的同时定义结构体变量；

③ 直接定义结构体变量。

(9) 引用结构体变量成员的一般形式：

```
结构体变量名.成员名
```

(10) 二维数组定义的一般形式：

```
类型标识符　数组名[整型常量表达式 1] [整型常量表达式 2];
```

(11) 二维数组元素的表示形式：

```
数组名[行下标][列下标];
```

其中，0≤行下标≤行数−1，0≤列下标≤列数−1。

(12) 冒泡排序的基本思想(升序排序)：通过相邻两个数之间的比较和交换，使排序码(数值)较小的数逐渐从底部移向顶部，排序码较大的数逐渐从顶部移向底部。排序过程就像水底的气泡一样逐渐向上冒，故而得名。

核心代码(对 n 个数进行升序排序)：

```
for(i=1;i<n;i++)             //控制冒泡排序的趟数
    for(j=0;j<=n-i;j++)      //控制每趟的比较次数
        if(a[j]>a[j+1])
        {t=a[j];a[j]=a[j+1];a[j+1]=t;}
```

(13) 选择排序的基本思想(将数据由小到大进行简单选择排序)：

① 从(K1, K2,…, Kn)中选择最小值，假如它是 Kz，则将 Kz 与 K1 对换；

② 从(K2, K3, …, Kn)中选择最小值 Kz，再将 Kz 与 K2 对换；

③ 如此进行选择和调换 n−2 趟；

④ 第(n−1)趟，从 Kn−1 和 Kn 中选择较小的值 Kz，将 Kz 与 Kn−1 对换，最后剩下的就是该序列中的最大值，一个由小到大的有序序列就形成了。

核心代码(对 n 个数进行升序排序)：

```
for(i=0;i<n;i++)                    //进行第 i 趟排序
{k=i;
    for(j=i+1;j<n;j++)              //选最小的记录
        if(a[k]>a[j])   k=j;        //记下目前找到的最小值所在的位置
//在内层循环结束，也就是找到本轮循环的最小的数以后，再进行交换
    if(k!=i){t=a[i];a[i]=a[k];a[k]=t;}
}
```

(14) 数组名作为函数参数的本质是把实参数组的起始地址传递给形参数组，实参和形参的地址是相同的，即当形参的值发生变化时，实参的值也发生了变化。

5.6 试 一 试

1. 编写程序：输入 10 个学生的英语成绩，统计并输出这 10 个学生的英语平均分以及其中英语不及格学生的人数。

2. 编写程序：已知数组 a 的 10 个元素分别是{7.23，1.5，5.24，2.1，2.45，6.3，5，3.2，0.7，9.81}，求数组 a 中数据的平均值 v，并将大于等于 v 的数组元素进行求和。

3. 编写程序：有一个二维数组 a[4][4]，将数组 a 的每 1 行除以该行上的主对角元素(第 1 行除以 a[0][0]，第 2 行除以 a[1][1]，…)，然后输出数组 a。

4. 编写程序：已知数列各项为 1，1，2，3，5，8，13，21，…，求其前 40 项之和。

5. 在歌星大赛中，有 10 个评委为参赛选手打分，分数为 1~100。选手最后得分为：去掉一个最高分和一个最低分后其余 8 个分数的平均值。请编写一个计算选手分数的程序。

"试一试"参考答案

6 项目6 用指针实现学生综合测评成绩管理

知识目标

(1) 了解指针的概念、指针变量的定义和运算。

(2) 了解用指针实现数组元素的输入、引用、计算和输出的方法。

(3) 了解指针变量作为函数参数的知识。

(4) 了解指针数组和数组指针。

(5) 了解文件指针的概念以及文件的基本打开方式。

(6) 了解常用的文件输入/输出函数。

能力目标

(1) 能使用指针对内存中的数据进行读/写。

(2) 能使用指针变量作为函数参数。

(3) 能使用字符指针解决实际问题。

(4) 能使用指针数组解决实际问题。

(5) 能使用 fopen( )、fclose( )、fprintf( )以及 fscanf( )函数实现文件的打开、关闭、写入和读取操作。

6.1 项目导入

又到了统计全年级学生综合测评成绩的时候，李聪想利用 C 语言根据德育、智育和体育成绩快速统计出综合测评成绩[简称总评，总评成绩=(德育成绩+智育成绩+体育成绩)/3]。该程序能实现如下功能：输入学生的德育、智育和体育成绩，并输出总评成绩。实现结果如图 6.1 所示(以 3 个学生为例)。

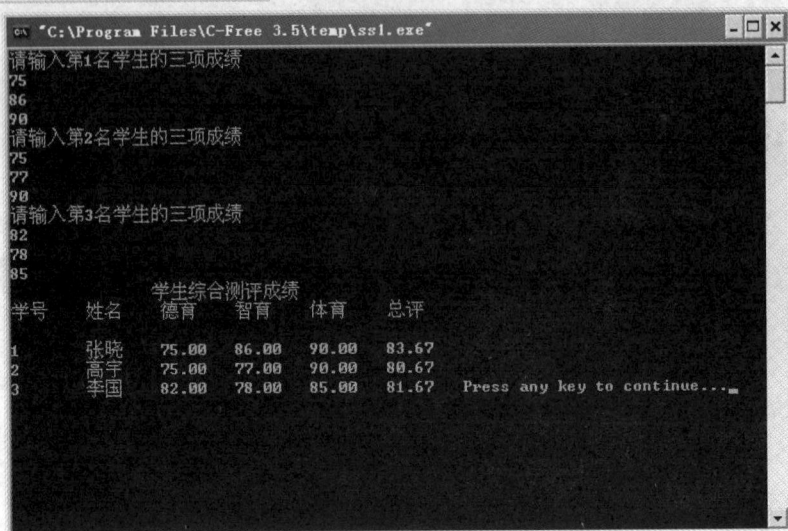

图 6.1   实现结果

6.2   知识导航

6.2.1   指针基础

指针是 C 语言中广泛使用的一种数据类型。运用指针编程是 C 语言最主要的风格之一。利用指针变量可以表示各种数据结构,能很方便地使用数组和字符串,并能像汇编语言一样处理内存地址,从而编写出精练而高效的程序。指针极大地丰富了 C 语言的功能。学习指针是学习 C 语言的重要一环,正确理解和使用指针是掌握 C 语言的关键。

1. 指针的概念

1) 地址

在计算机中,所有的数据都是存放在存储器中的。一般把存储器中的一个字节称为一个内存单元。为了正确地访问这些内存单元,必须为每个内存单元编号。根据一个内存单元的编号即可准确地找到该内存单元。内存单元的编号称为该存储单元的地址。若要查看某变量在当前系统环境下的内存单元的编号(即该变量的地址),可以采用取地址运算符"&"。

视频:指针

例如,下面的程序可查看整型变量 a 在内存中的地址,读者可以自行查看。

```
#include <stdio.h>
main( )
{
    int a=5;
```

```
        printf("%x\n",&a);          //地址一般以十六进制形式表示
    }
```

前面对数据的存取基本通过变量名来实现。其实每个变量名都与一个唯一的地址相对应，程序编译时系统会根据这个对应关系找到变量的地址，然后存取数据。如需对整型变量 a 操作，先找到变量 a 的地址，假如 a 的首地址是 2000H，然后将从 2000H 开始的 4 个字节中的内容作为操作对象。

注意：地址并不是始终不变的，而是由机器和操作系统来安排的，我们无法预先知道，且"&"不能置于常量或表达式之前。

2) 指针

由于通过地址能找到所需的变量单元，即地址"指向"该变量单元，因此将地址形象化地称为指针，意思是通过它能找到以它为地址的内存单元。例如，根据地址 2000H 就能找到变量 a 的存储单元，从而读取其中的值。

3) 地址和指针

严格地说，一个指针就是一个地址，它是一个常量。指针不但标明了数据的存储位置，还标明了该数据的类型，所以说指针是存储特定数据类型的地址，而且指针的类型也同时限定了指针的用途。例如，int 型指针只能指向 int 型数据。

在 C 语言中，一种数据类型或数据结构往往占有一组连续的内存单元。用"地址"这个概念并不能很好地描述一种数据类型或数据结构，而"指针"虽然实际上也是一个地址，但它却是一个数据结构的首地址，它是"指向"一个数据结构的，因而概念更为清楚，表达更为明确。这也是引入"指针"概念的一个重要原因。

指针是一个变量在内存中存储时的地址，它并不占内存中的存储空间。

简单地说，指针就是地址。二者是同一个概念的两种说法，只不过指针更形象一些，就像一根针一样，可以指向某个地方。

4) 指针变量

既然存储在内存中的各种变量都有一个地址，我们能否这样设想：定义某种变量，让这个变量的值始终等于某个变量的地址，如同某个房间号、门牌号一样？回答是肯定的。这种存放某种变量地址的变量称为指针变量。

思考：图 6.2 中哪些是普通变量？哪些是指针变量？

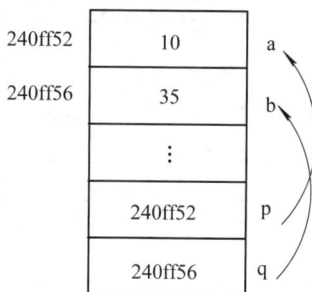

图 6.2　普通变量和指针变量

2. 指针变量的定义和初始化

一个变量的地址称为该变量的指针。例如，地址 2000H 是变量 i 的地址。如果有一个变量专门用来存放另一个变量的地址(即指针)，则称它为指针变量。如图 6.3 所示，pointer1 是一个指针变量，它存放的是变量 i 的地址，即 pointer1 指向变量 i。

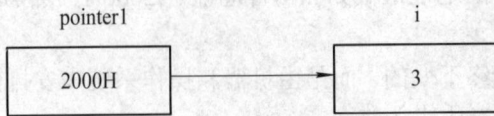

```
pointer1                          i
┌──────────┐              ┌──────────┐
│  2000H   │─────────────→│    3     │
└──────────┘              └──────────┘
```

图 6.3   指针变量的指向

1) 指针变量的定义

定义指针变量的格式如下：

类型标识符   *变量名[=地址表达式];

其中："类型标识符"表示本指针变量所指向的变量的数据类型；"*"表示这是一个指针变量；"变量名"即定义的指针变量名(只要是合法的标识符即可)。

例如：

```
int    *pointer1;              //定义一个指向整型数据的指针变量 pointer1
int    x,*pointer2=&x;         //定义一个指针变量 pointer2，它指向整型变量 x
```

说明：

(1) "*"是定义指针变量的标志，不可丢掉；

(2) 数据类型是指针变量所指向的变量的类型；

(3) 指针变量定义后，其值是不确定的。

2) 指针变量的初始化

指针变量可以在定义时直接初始化，也可以在定义后再赋值，但赋值内容始终应是一个地址，而不是数据。指针指向的关系如图 6.4 所示。

例如：

```
int x=5,*pointer1;
float y=10.5,*pointer2;
pointer1=&x;
pointer2=&y;
```

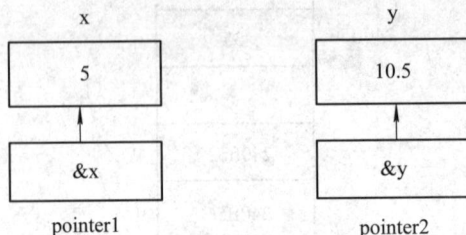

```
        x                          y
┌──────────┐              ┌──────────┐
│    5     │              │   10.5   │
└──────────┘              └──────────┘
      ↑                         ↑
┌──────────┐              ┌──────────┐
│    &x    │              │    &y    │
└──────────┘              └──────────┘
  pointer1                   pointer2
```

图 6.4   指针指向的关系

指针变量初始化的两种方式如下：

(1) 直接初始化：

```
int    a, *s=&a;
```

(2) 定义后再赋值：

```
int    a, *s;
s=&a;
```

注意：只能用同类型变量的地址进行赋值，如定义"int *s;float f; s=&f;"是非法的。

在定义指针变量后，如果没有给指针变量赋值，即该变量没有一个具体的指向地址，则这样的指针称为空指针。空指针是很危险的，因此指针变量定义后需赋值，如暂时没有指向地址，应赋 NULL 值。

3) 指针变量的引用

(1) "&"：取地址运算符。

(2) "*"：指针运算符(间接访问运算符)。

以前面"指针变量的初始化"部分中的代码为例：&x 为变量 x 的地址，* pointer1 为指针变量 pointer1 所指向的存储单元 y(即 10.5)。

"&"和"*"两个运算符的优先级是相同的，具有右结合性。例如，若 pointer1=&x，则&*pointer1 等价于&x、*&x 和 x。

编译器能够根据上下文环境判别"*"运算符的作用。例如：

```
int a,b,c;
int *p;        (*表示定义指针变量)
p = &a;
*p = 100;      (*表示指针运算符，给 p 指针所指向的变量 a 赋值)
c = a * b;     (*表示乘法运算符)
```

【例 6-1】 指针和地址的应用。

程序如下：

```
#include <stdio.h>
main( )
{
    int a,b;
    int *pointer_1, *pointer_2;
    a=100;b=10;
    pointer_1=&a;
    pointer_2=&b;
    printf("%d,%d\n",a,b);
    printf("%d,%d\n",*pointer_1, *pointer_2);
}
```

说明:

(1) 程序开头处虽然定义了两个指针变量 pointer_1 和 pointer_2, 但它们并未指向任何一个整型变量。程序只是提供了两个指针变量, 规定它们可以指向整型变量。程序第 7、8 行的作用就是使 pointer_1 指向 a, pointer_2 指向 b。

(2) 最后一行*pointer_1 和*pointer_2 中的 "*" 是取指针所指向变量的内容, 也就是变量 a 和 b 的值, 所以最后两个 printf( )函数的作用是相同的。

【例 6-2】 输入 a 和 b 两个整数, 按先大后小的顺序输出 a 和 b。

程序如下:

```
#include <stdio.h>
main( )
{
    int *p1,*p2,*p,a,b;
    scanf("%d,%d",&a,&b);
    p1=&a;p2=&b;
    if(a<b)
    {p=p1;p1=p2;p2=p;}
    printf("\na=%d,b=%d\n",a,b);
    printf("max=%d,min=%d\n",*p1, *p2);
}
```

当输入 a=5, b=9 时, 由于 a<b, 将 p1 和 p2 交换, 交换前的指向情况如图 6.5(a)所示, 交换后的指向情况如图 6.5(b)所示。显然, a 和 b 的值并未交换, 但 p1 和 p2 交换了, 即它们分别指向 b 和 a, 所以先输出 9, 后输出 5。

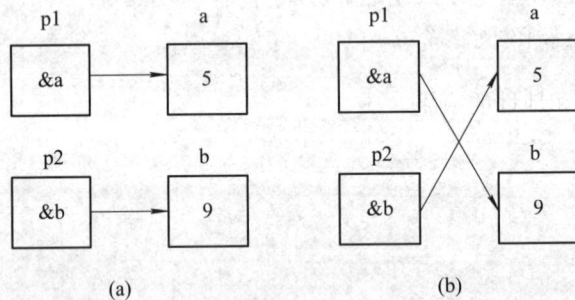

图 6.5　指针交换

程序运行结果如图 6.6 所示。

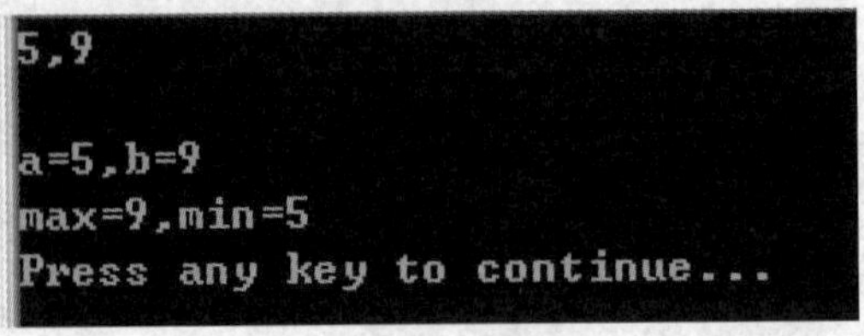

图 6.6　例 6-2 的程序运行结果

思考：下面程序执行时，若输入"3，4"，则输出什么？

```
#include <stdio.h>
main( )
{
    int  *p1, *p2, a1, a2;
    scanf("%d ,%d" , &a1, &a2 );
    p1 =&a1; p2=&a2;
    printf("%d , %d \n" , *p1, *p2);
    p2 = p1;
    printf("%d , %d \n" , *p1, *p2);
}
```

3. 指针变量的运算

如上所述，指针变量是一个存放地址的变量，地址是整型数据，因此对指针变量的运算只有整型数据的加减运算，即改变指针的指向。

(1) 指针变量 p + n(正数或负数)表示指针指向的当前位置向后或向前移动 n 个存储单元。

(2) 同类型的两指针相减，其结果为一个整数，表示两个地址之间可容纳的相应类型数据的个数。例如：

```
int n,m[5],*p1=&m[1],*p2=&m[4];
n=p2-p1;   //n=3
```

6.2.2 指针与数组

一个变量有地址，一个数组包含若干个元素，每个元素都在内存中占有存储单元，它们都有地址。指针变量既可以指向变量，也可以指向数组和数组元素。

例如：

视频：指针与数组

```
int a[5];        //定义一个包含 5 个元素的整型数组
int *p;          //定义一个指向整型变量的指针变量
p=a;
```

在数组中，数组名表示该数组的首地址，即第一个元素的地址，它是一个常量。因此"p=a;"与"p=&a[0];"等价，都代表将数组首地址赋值给指针变量 p，即指针变量 p 指向数组 a 的第一个元素，如图 6.7 所示。

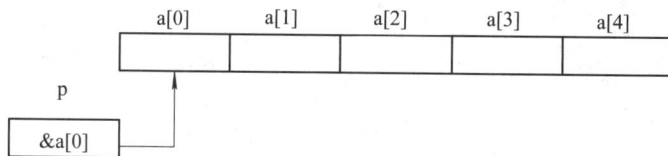

图 6.7 数组首地址

在此前提下，如依次进行以下操作，指针变量 p 将不断地指向新的数组元素：

(1) "p++;"表示 p 向后移动一个位置，指向 a[1]；

(2) "p--;"表示 p 向前移动一个位置，重新指向 a[0]；

(3) "p=p+3;"表示 p 向后移动三个位置，指向 a[3]。

1. 指针与一维数组

如上所述，数组名实际上是该数组的首地址，即指向该数组第一个元素的指针。一个一维数组若定义为

```
int a[10];
```

则*a 表示获取 a 指针所指向的目标单元的值，即第一个元素，和 a[0]访问的是同一个元素，两种表达形式完全等价。结合指针移动还可以访问数组中的其他元素。例如：

```
*(a+1)等价于 a[1];
*(a+2)等价于 a[2];
    ⋮
*(a+i)等价于 a[i]。
```

因此，访问数组元素有两种方法，一种是下标法，一种是指针法。指针法比下标法更简洁，执行效率也更高。例如：

```
int a[10],*p=a;
```

则

```
*(p+1)等价于 a[1];
*(p+2)等价于 a[2];
    ⋮
*(p+i)等价于 a[i]。
```

说明：

(1) 指针与一维数组的对应关系："int a[10],*p=a;"使 p 指向数组 a 的第一个元素 a[0]，各元素的指针按存储单元递增，也可以写成"int a[10],*p;p=&a[0];"，这是等价的。

(2) 用指针访问数组的一般形式(在"int a[10],*p=a;"且 0≤i≤9 的条件下)：

① 访问下标为 i 的元素的形式：a[i]、*(a+i)、*(p+i)；

② a[i]元素的地址表示形式：&a[i]、a+i、p+i。

【例 6-3】 使用下标法和指针法输出数组中的全部元素。

程序如下：

```
#include <stdio.h>
main( )
{
    int a[10],i,*p=a;
    for(i=0;i<10;i++)
        a[i]=i;
    for(i=0;i<10;i++)
```

```
        printf("a[%d]=%d\n",i,a[i]);          //使用下标法输出元素
    for(i=0;i<10;i++)
        printf("a[%d]=%d\n",i,*(a+i));        //使用数组名输出元素
    for(i=0;i<10;i++)
        printf("a[%d]=%d\n",i,*(p+i));        //使用指针变量输出元素
    }
```

说明：

(1) 指针变量可以实现本身的值的改变。如 p++是合法的，而 a++是错误的。因为 a 是数组名，它是数组的首地址，是常量。

(2) 由于"++"和"*"同优先级，结合方向自右而左，因此*p++等价于*(p++)。

(3) *(p++)与*(++p)作用不同。若 p 的初值为 a，则*(p++)等价于 a[0]，*(++p)等价于 a[1]。

(4) (*p)++表示 p 所指向的元素值加 1。

(5) 如果 p 当前指向数组 a 中的第 i 个元素，则

```
*(p--)相当于 a[i--];
*(++p)相当于 a[++i];
*(--p)相当于 a[--i]。
```

思考：下面的程序在输入"1 2 3 4 5 6 7 8 9 0"后的输出结果还是"1 2 3 4 5 6 7 8 9 0"吗？假如不是，该如何修改呢？

```
#include <stdio.h>
void main( )
{
    int a[10],*p,i;
    p=a;
    for(i=0;i<10;i++)
        scanf("%d",p++);
    printf("\n");
    for(i=0;i<10;i++,p++)
        printf("%d ",*p);
}
```

2. 指针与字符串

1) 字符串的表现形式

在 C 语言中，可以用两种方法访问一个字符串，一种方法是使用字符数组，另一种方法是使用字符指针。字符数组在前面的项目中已经介绍过，下面重点介绍指针指向字符串的方法，以及这两种方法的优缺点。

(1) 使用字符数组。例如：

```
#include <stdio.h>
main( )
{
    char string[]="I love China!";
    printf("%s\n",string);
}
```

和前面介绍的数组属性一样,string 是数组名,它代表字符数组的首地址。string[i]和*(string+i)等价。

(2) 使用字符指针。例如:

```
#include <stdio.h>
main( )
{
    char *string="I love China!";
    printf("%s\n",string);
}
```

程序定义一个字符指针变量 string,并将字符串的首地址赋给 string,并不是把"I love China!"这些字符存放到 string(指针变量只能存放地址)中。在输出时使用格式控制符"%s",表示系统将输出从 string 指向的字符开始至字符串结束标志'\0'的所有字符,实现对一个字符串整体的输入和输出。

【例 6-4】 输出字符串中第 n 个字符后的所有字符。

程序如下:

```
#include <stdio.h>
main( )
{
    char *ps="this is a book";
    int n=10;
    ps=ps+n;
    printf("%s\n",ps);
}
```

程序运行结果如图 6.8 所示。

```
book
Press any key to continue...
```

图 6.8   例 6-4 的程序运行结果

在程序中对 ps 初始化时,即把字符串首地址赋予 ps,当 ps = ps + 10 之后,ps 指向字符"b"，由于指针输出的特点是从指针所指向的位置开始直到遇到第一个 '\0' 结束，因此输出为"book"。

【例 6-5】　在输入的字符串中查找有无"k"字符。

程序如下：

```c
#include <stdio.h>
main( )
{
    char st[20],*ps;
    int i;
    printf("input a string:\n");
    ps=st;
    scanf("%s",ps);
    for(i=0;ps[i]!='\0';i++)
        if(ps[i]=='k'){
            printf("there is a 'k' in the string\n");
            break;
        }
    if(ps[i]=='\0')
        printf("there is no 'k' in the string\n");
}
```

请读者自行分析运行结果。

对字符串中字符的存取，可以用之前介绍过的下标法，也可以用指针法。

【例 6-6】　分别用下标法和指针法将字符串 a 复制到字符串 b。

(1) 下标法的程序如下：

```c
#include <stdio.h>
void main( )
{
    char a[]="I am a boy.",b[20];
    int i;
    for(i=0;a[i]!='\0';i++)
        b[i]=a[i];
        b[i]='\0';
    printf("string a is:%s\n",a);
    printf("string b is:%s\n",b);
    printf("\n");
}
```

程序运行结果如图 6.9 所示。

```
string a is:I am a boy.
string b is:I am a boy.

Press any key to continue...
```

图 6.9　例 6-6 的程序运行结果

(2) 指针法的程序如下：

```c
#include <stdio.h>
void main( )
{
    char *a="I am a boy.",*b;
    b=a;
    printf("string a is:%s\n",a);
    printf("string b is:%s\n",b);
    printf("\n");
}
```

其运行结果和下标法的一样。需注意的是：若 a 和 b 都是字符指针，则可以用 b=a，即将 a 的地址赋给 b；但是若 a 和 b 都是字符数组，则不能用 b=a，应该使用字符串复制函数来实现，即 strcpy(b,a)。

2) 字符数组与字符串指针变量的区别

字符数组与字符串指针变量的区别如图 6.10 所示。

字符数组	字符串指针变量
• 每个元素放一个字符 • 不能整体赋值	• 存放的是首地址 • 可以整体赋值
```char s[6];``` ```s="abcde"; /*不对*/```	```char *p;``` ```p="abcde";```
• char s[6]; • s不能加/减	• p可以加/减

图 6.10　字符数组与字符串指针变量的区别

6.2.3　指针数组

当一个数组的元素值均为指针时，这种数组称为指针数组，即指针数组中的每个元素都相当于一个指针变量。指针数组是一组有序的指针的集合。指针数组的所有元素都必须是具有相同存储类型和指向相同数据类型的指针变量。指针数组主要适合指向若干个长短不一的字符串，使对字符串的处理更加方便、灵活。

视频：指针数组

一维指针数组定义的一般形式如下：

类型标识符*数组名[数组长度]

其中，"类型标识符"为指针所指向的变量的类型。

例如：

int *p[3];

该语句表示 p 是一个指针数组，它有 3 个数组元素，每个元素都是一个指针，指向整型变量。

【例 6-7】 输出字符串。

程序如下：

```c
#include <stdio.h>
main( )
{
    int i,j;
    char  *s[4]={ "continue","break","do-while","point"};
    for(i=0; i<4; i++)
    printf("%s\n",s[i]+i);
}
```

分析：程序定义了一个数组 s，它的 4 个元素的初值分别是"continue""break""do-while""point"的首地址。"s[i]+i"在 4 次循环中分别是 s[0]+0、s[1]+1、s[2]+2、s[3]+3，它们分别指向"continue"中的"c"、"break"中的"r"、"do-while"中的"-"、"point"中的"n"。程序运行结果如图 6.11 所示。

图 6.11　例 6-7 的程序运行结果

【例 6-8】 输入一个 1～7 的整数，输出其对应的星期英文单词。

程序如下：

```c
#include <stdio.h>
main( )
{
    char *week[7]={"Sunday","Monday","Tuesday", "Wednesday","Thursday","Friday","Saturday"};
    int i;
    while(1)
    {
        printf("input Day No:");
        scanf("%d",&i);
```

```
        if(i<0||i>6)
            break;
        printf("Day No:%d-->%s\n",i,week[i]);
    }
}
```

程序运行结果如图 6.12 所示。

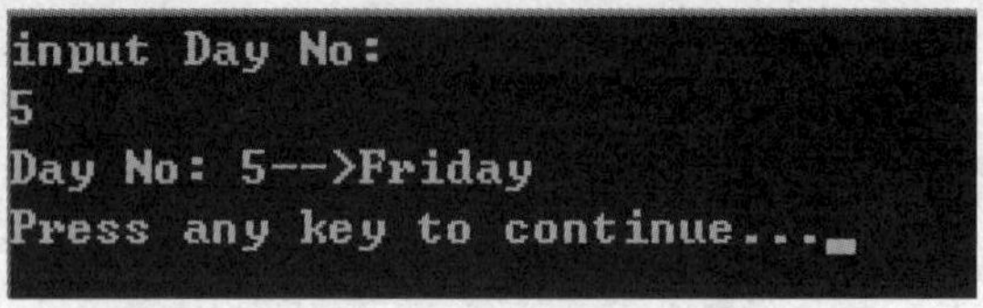

图 6.12　例 6-8 的程序运行结果

6.2.4　指针作为函数参数

在学习新知识之前，请读者来分析一段代码。

请思考下列代码能否实现用函数调用的方式交换两个数。

```
#include <stdio.h>
void swap(int x,int y)
{
    int temp;
    temp=x;
    x=y;
    y=temp;
}
main( )
{
    int a,b;
    scanf("%d%d",&a,&b);
    if(a<b)
    swap(a, b);
    printf("%d,%d   \n " ,a,b);
}
```

程序运行结果如图 6.13 所示。

图 6.13　程序运行结果

从运行结果可以看出，通过函数调用方式无法实现两个数交换的功能，其主要原因是实参单向传递数据给形参。本例中实参 a 和 b 将 4 和 6 传递给了形参 x 和 y，并且在函数 swap()中实现了 x 和 y 的交换，虽然 x 和 y 交换了，但是交换后的结果无法传回给实参 a 和 b，所以无法实现实参 a 和 b 的交换。

1. 指针变量作为函数参数

函数参数不仅可以是整型、实型、字符型、数组等数据，还可以是指针类型的数据。指针变量作为函数参数是将一个变量的地址传递给另一个能接受地址的变量中。下面将上述利用函数调用方式不能实现变量交换的代码进行修改：

```c
#include <stdio.h>
void swap(int *x,int *y)
{
    int temp;
    temp=*x;
    *x=*y;
    *y=temp;
}
main( )
{
    int a,b;
    scanf("%d%d",&a,&b);
    if(a<b)
    swap(&a, &b);
    printf("%d,%d   \n " ,a,b);
}
```

程序运行结果如图 6.14 所示。

```
4 6
6,4
Press any key to continue...
```

图 6.14 程序运行结果

指针变量作为函数参数时，从实参向形参的数据传递仍然遵循"单向值传递"的原则，只不过此时传递的是地址。具体的变换过程请读者观看相关视频，视频中有详细的运行过程演示。

思考：指针变量作为函数参数就一定能实现两个数的交换吗？请读者分析下列代码：

```c
#include <stdio.h>
void swap(int *x,int *y)
{
```

```
    int *temp;
    temp=x;
    x=y;
    y=temp;
}
main( )
{
    int   a,b;
    scanf("%d%d",&a,&b);
    if(a<b)
    swap(&a, &b);
    printf("%d,%d   \n " ,a,b);
}
```

程序运行结果如图 6.15 所示。

图 6.15　程序运行结果

注意：指针变量作为函数参数时，只有交换内容才能实现实参两个数的交换。上面代码中 swap( )函数实现的是地址的交换，所以无法实现实参两个数交换的功能。

2. 数组名作为函数参数

项目 5 中介绍了数组名作为函数参数的简单用法，下面将进一步介绍数组名配合指针作为函数参数的各种用法。

假设有一个实参数组，想要在函数中改变此数组中元素的值，实参和形参的表示形式有以下 4 种情况。

(1) 形参和实参都用数组名。例如：

```
#include "stdio.h"
void sort(int b[ ],int n)
{
    int i,j,t;
    for (i=0;i<n-1;i++)
        for(j=i+1;j<n;j++)
            if(b[i]<b[j])
                {t=b[i];b[i]=b[j];b[j]=t;}
}
main( )
{
```

```
    int a[10],i;
    printf("请输入十个同学的成绩\n");
    for(i=0;i<10;i++)
        scanf("%d",&a[i]);
    sort(a,10);
    printf("排序后的成绩为:\n");
    for(i=0;i<10;i++)
        printf("%3d",a[i]);
    printf("\n");
}
```

可以理解成形参数组 b 和实参数组 a 共用一段内存单元。

(2) 实参用数组名，形参用指针变量。例如：

```
#include "stdio.h"
void sort(int *b,int n)
{
    int i,j,t;
    for (i=0;i<n-1;i++)
        for(j=i+1;j<n;j++)
            if(b[i]<b[j])
                {t=b[i];b[i]=b[j];b[j]=t;}
}
main( )
{
    int a[10],i;
    printf("请输入十个同学的成绩\n");
    for(i=0;i<10;i++)
        scanf("%d",&a[i]);
    sort(a,10);
    printf("排序后的成绩为:\n");
    for(i=0;i<10;i++)
        printf("%3d",a[i]);
    printf("\n");
}
```

(3) 实参和形参均用指针变量。例如：

```
#include "stdio.h"
void sort(int *b,int n)
{
    int i,j,t;
```

```
    for (i=0;i<n-1;i++)
        for(j=i+1;j<n;j++)
            if(b[i]<b[j])
                {t=b[i];b[i]=b[j];b[j]=t;}
}
main( )
{
    int a[10],i,*p;
    printf("请输入十个同学的成绩\n");
    for(i=0;i<10;i++)
        scanf("%d",&a[i]);
    p=a;
    sort(p,10);
    printf("排序后的成绩为:\n");
    for(i=0;i<10;i++)
        printf("%3d",a[i]);
    printf("\n");
}
```

(4) 实参用指针变量，形参用数组名。例如：

```
#include "stdio.h"
void sort(int b[],int n)
{
    int i,j,t;
    for (i=0;i<n-1;i++)
        for(j=i+1;j<n;j++)
            if(b[i]<b[j])
                {t=b[i];b[i]=b[j];b[j]=t;}
}
main( )
{
    int a[10],i,*p;
    printf("请输入十个同学的成绩\n");
    for(i=0;i<10;i++)
        scanf("%d",&a[i]);
    p=a;
    sort(p,10);
    printf("排序后的成绩为:\n");
    for(i=0;i<10;i++)
```

```
        printf("%3d",a[i]);
    printf("\n");
}
```

以上 4 种表达形式实质都是地址的传递。

6.2.5 指向结构体类型数据的指针

一个结构体变量的指针就是该变量在内存中的起始地址。

1. 指向结构体变量的指针的定义和赋值

例如：

```
struct student    stu1,*sp;
sp=&stu1;
```

2. 结构体成员的引用方法

(1) 用结构体变量名引用结构体成员。

这种方法前面已经介绍过，如 stu1.id, stu1.name, sut1.sex, stu1.avg 等。

(2) 用结构体指针变量引用结构体变量。其形式如下：

```
(*sp).成员名    或    sp->成员名
```

例如：(*sp).id，(*sp).name，(*sp).avg 或 sp->avg 等。

【例 6-9】 用结构体指针变量引用结构体成员的方式输出一个学生的信息。

程序如下：

```
#include "stdio.h"
main( )
{ struct
    {char id[6],name[10];
     int m1,m2,m3;
     float avg;}
    x={"00101","李小明",87,88,92},*sp;
    sp=&x;
    printf("%s\t%s\t%5d%5d%5d\n",sp->id,sp->name,sp->m1,sp->m2,sp->m3);
    printf("%s\t%s\t%5d%5d%5d\n",(*sp).id,(*sp).name,(*sp).m1,(*sp).m2,(*sp).m3);
}
```

程序运行结果如图 6.16 所示。

图 6.16 例 6-9 的程序运行结果

视频：指向结构体和
结构体数组的指针

6.2.6　指向结构体数组的指针

前面介绍过指向数组和数组元素的指针，同样，指针也可以指向结构体数组及结构体数组元素。例如：

```
struct student
{
    char id[6];
    char name[10];
    int m1,m2,m3;
    float avg,sum;
} stu1[10];                    //定义结构体数组
struct student    *sp;         //定义结构体指针
sp=stu1;                       //将结构体数组的首地址送给结构体指针
```

说明：当前 sp 指针指向数组首地址；执行 sp++后指针指向下一个数组单元；执行 sp--后指针指向上一个数组单元。所以，使用指针变量可以方便地在结构体数组中移动。

【例 6-10】 用结构体指针变量引用的方式输出多个学生的信息。

程序如下：

```
#include "stdio.h"
#define N 3
struct stu
{
    char id[6];
    char name[10];
    int m1,m2,m3;
    float avg,sum;};
main( )
{stu student[N]={{"001","李小明",78,89,90},{"008","陈小东",85,81,67},{"016","王永民",
        89,78,90}},*sp;
    int i;
    sp=student;
    for (i=0;i<N;i++,sp++)
    {
        sp->sum=sp->m1+sp->m2+sp->m3;
        sp->avg=sp->sum/3.0;
    }
    sp=student;
    printf("他们的成绩单为:\n");
    printf("学号\t 姓名\t 数学 英语   语文   总分   平均分\n");
```

```
    for(i=0;i<N;i++,sp++)
    printf("%s\t%s\t%d%6d%7d%7.1f%6.1f\n",(*sp).id,(*sp).name,(*sp).m1,(*sp).m2,(*sp).m3,
        (*sp). sum,(*sp).avg);
}
```

程序运行结果如图 6.17 所示。

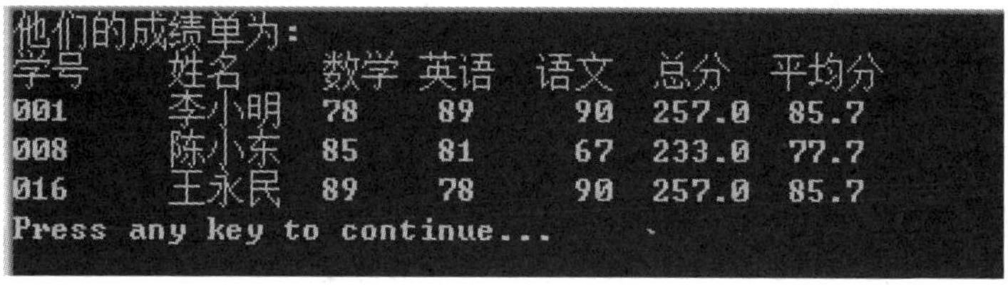

图 6.17 例 6-10 的程序运行结果

6.3 项目分析与实现

1. 项目分析

现在请大家运用前面所介绍的知识来实现学生综合测评成绩的计算。本项目的要求是：以 3 个同学为例，输入他们的德育、智育和体育成绩，程序将计算出他们的总评成绩，并输出结果。

1) 输入学生的德育、智育和体育成绩数据

使用一个二维数组来存放学生成绩。输入数据的函数使用函数名作为参数，并通过指针法引用数组元素——*(s+i)+j。具体代码如下：

```
/*输入学生的德育、智育和体育成绩*/
void shuru(float s[][4],int n )
{
    int i,j;
    for(i=0;i<n;i++)
    {printf("请输入第%d 位学生的三项成绩\n",i+1);
        for(j=0;j<3;j++)
        scanf("%f",*(s+i)+j);}
}
```

2) 计算总评成绩

将二维数组视为 3 个包含 4 个元素的一维数组，使用指向一维数组的指针 p 作为函数参数。具体代码如下：

```
/*计算学生的总评成绩*/
void calculate(float (*p)[4],int n )              //用数组指针作为函数参数
{   int i,j;
```

```
    for(i=0;i<n;i++)
    {for(j=0;j<3;j++)
        *(*(p+i)+3)+=*(*(p+i)+j);
        *(*(p+i)+3)/=3;}                      //求总评成绩
    }
```

3) 数据输出

使用指针数组 name 作为函数参数，主要用于学生姓名的输出。具体代码如下：

```
/*输出学生的学号，姓名，德育、智育、体育和总评成绩*/
void shuchu(float *p,int n,char *name[] )        //用指针数组作为函数参数
{
    int i;
    printf("                  学生综合测评成绩\n");
    printf("学号\t 姓名\t 德育\t 智育\t 体育\t 总评\n");
    for(i=0;i<4*SIZE;i++,p++)
    {
        if (i%4==0)
        {printf("\n");
         printf("%d\t",i/4+1);
         printf("%s\t",name[i/4]);
        }
        //每输出四个成绩均需换行，输出学号和输出姓名，其中输出姓名通过指针数组实现
        printf("%5.2f\t",*p);
    }
}
```

4) 主程序

主程序代码如下：

```
/*主程序*/
void main( )
{
    float student[SIZE][4];                    //二维数组存放学生成绩
    char *name[3]={"张晓","高宇","李国"};       //为学生姓名初始化
    shuru(student,SIZE);         //调用函数初始化德育、智育和体育三项成绩
    calculate(student,SIZE);                    //调用函数计算总评成绩
    shuchu(student[0],SIZE,name);
    //调用函数输出学生的学号，姓名，德育、智育、体育和总评成绩
}
```

5) 预处理

预处理代码如下：

```
/*学生综合测评成绩管理*/
#include <stdio.h>
#define SIZE 3                              //学生人数
```

2. 项目实现

代码如下：

```
#include <stdio.h>
#define SIZE 3                              //学生人数
void shuru(float s[][4],int n )
{
    int i,j;
    for(i=0;i<n;i++)
    {printf("请输入第%d 位学生的三项成绩\n",i+1);
      for(j=0;j<3;j++)
      scanf("%f",*(s+i)+j);}
}


void calculate(float (*p)[4],int n )        //用数组指针作为函数参数
{
    int i,j;
    for(i=0;i<n;i++)
    {for(j=0;j<3;j++)
      *(*(p+i)+3)+=*(*(p+i)+j);
      *(*(p+i)+3)/=3;}                       //求总评成绩
}
void shuchu(float *p,int n,char *name[] )    //用指针数组作为函数参数
{
    int i;
    printf("               学生综合测评成绩\n");
    printf("学号\t 姓名\t 德育\t 智育\t 体育\t 总评\n");
    for(i=0;i<4*SIZE;i++,p++)
    {
        if (i%4==0)
        {printf("\n");
          printf("%d\t",i/4+1);
          printf("%s\t",name[i/4]);
```

```
        }
        //每输出四个成绩均需换行,输出学号和输出姓名,其中输出姓名通过指针数组实现
        printf("%5.2f\t",*p);
    }
}
void main( )
{   float student[SIZE][4];                    //二维数组存放学生成绩
    char *name[3]={"张晓","高宇","李国"};        //为学生姓名初始化
    shuru(student,SIZE);          //调用函数初始化德育、智育和体育三项成绩
    calculate(student,SIZE);                    //调用函数计算总评成绩
    shuchu(student[0],SIZE,name);
//调用函数输出学生的学号,姓名,德育、智育、体育和总评成绩
}
```

6.4 知识延伸

6.4.1 指针与二维数组

指针可以指向一维数组,也可以指向二维数组,但在概念和使用上,指向二维数组的指针比指向一维数组的指针要复杂些。

1. 二维数组的地址

设有整型二维数组 a[3][4],它的定义如下:

视频:指针与二维数组

```
int a[3][4]={{0,1,2,3},{4,5,6,7},{8,9,10,11}};
```

二维数组 a 可分解成 3 个一维数组 a[0]、a[1]和 a[2],由于 a[0]、a[1]和 a[2]是一维数组的数组名,因此它们分别代表二维数组第 1 行、第 2 行和第 3 行的首地址,即与&a[0][0]、&a[1][0]和&a[2][0]等价。设数组 a 的首地址为 1000,各下标变量的首地址及其值如图 6.18 所示。

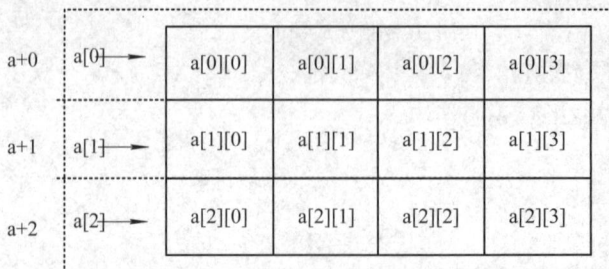

图 6.18　数组 a 各下标变量的首地址及其值

【**例 6-11**】　输出二维数组的有关值。

程序如下：

```
#include <stdio.h>
main( )
{
    int a[3][4]={0,1,2,3,4,5,6,7,8,9,10,11};
    printf("%d,",a);                //第 0 行首地址
    printf("%d,",a[0]);             //第 0 行 0 列地址
    printf("%d,",&a[0]);            //第 0 行首地址
    printf("%d\n",&a[0][0]);        //第 0 行 0 列地址
    printf("%d,",a+1);              //第 1 行首地址
    printf("%d,",*(a+1)); /         //第 1 行 0 列地址
    printf("%d,",&a[1]);
    printf("%d\n",&a[1][0]);
}
```

　　a 和 a[0]的值虽然相同，但是由于指针的类型不同(a 是指向一维数组的指针，a[0]是指向 a[0][0]元素的指针)，因此对这些指针加 1，得到的结果是不同的。"a+1"中的"1"代表一行所有元素所占的字节数(例 6-11 中为 8 个字节)；"a[0]+1"中的"1"代表一个元素所占的字节数(例 6-11 中为 2 个字节)，即指向 a[0][1]元素。

2. 指向数组元素的指针变量

【**例 6-12**】　用指针变量输出数组元素。

程序如下：

```
#include <stdio.h>
main( )
{
    int a[3][4]={0,1,2,3,4,5,6,7,8,9,10,11};
    int i,*p=a[0];
    for(i=0;i<12;i++,p++)
        {if (i%4==0) printf("\n");
         printf("%2d ",*p); }
}
```

程序运行结果如图 6.19 所示。

```
 0   1   2   3
 4   5   6   7
 8   9  10  11
Press any key to continue...
```

图 6.19　例 6-12 的程序运行结果

此例是顺序输出数组中各元素，如要输出指定数组元素，则应事前计算该元素在数组中的相对位置。计算 a[i][j]在数组中相对位置的公式为 i*m + j (设二维数组大小为 n*m)。

3. 指向一维数组的指针变量

前面介绍过，C 语言允许把一个二维数组分解为多个一维数组来处理。因此例 6-12 中的数组 a 可分解为 3 个一维数组，即 a[0]、a[1]、a[2]。每个一维数组又含有 4 个元素。例 6-12 中的指针变量 p 是指向整型变量的，p+1 所指向的是 p 所指向元素的下一个元素。可使 p 指向一个包含 4 个元素的一维数组，先使 p 指向 a[0]，则 p+1 就指向 a[1]。

【例 6-13】 用数组的指针输出数组元素。

程序如下：

```
#include <stdio.h>
main( )
{
    int a[3][4]={0,1,2,3,4,5,6,7,8,9,10,11};
    int(*p)[4];       //数组指针 p 指向包含 4 个元素的一维数组
    int i,j;
    p=a;
    for(i=0;i<3;i++)
        {for(j=0;j<4;j++) printf("%2d ",*(*(p+i)+j));
         printf("\n");}
}
```

程序运行结果和例 6-12 的一样。此例中"int(*p)[4];"表示 p 是一个指针变量，它指向包含 4 个元素的一维数组。若 p = a，则 p + i 指向一维数组 a[i]，而 *(*(p + i) + j) 和 *(*(a + i) + j)等价，都表示 i 行 j 列元素。

6.4.2　指向指针的指针

如果一个指针变量存放的是另一个指针变量的地址，则称这个指针变量为指向指针的指针变量。其定义格式如下：

　　类型标识符 **指针变量名

例如：

　　char **p;

p 前面有两个"*"号，相当于*(*p)。显然*p 是指针变量的定义形式，如果没有最前面的"*"号，则是定义了一个指向字符数据的指针变量。现在它前面又有一个"*"号，表示指针变量 p 是指向一个字符型指针变量。*p 就是 p 所指向的另一个指针变量。

【例 6-14】 利用指针的指针实现输入 0～6 的数，输出对应的星期英文。

程序如下：

```
#include<stdio.h>
main( )
{
```

```
            char *name[]={ "Illegal day", "Monday","Tuesday","Wednesday","Thursday", "Friday",
                    "Saturday","Sunday"};
            char **ps;                   //定义一个指向字符型指针变量的指针变量 ps
            int i;
            printf("input Day No:\n");
            scanf("%d",&i);
            if(i<0) exit(1);
            ps=name+i;                   //为 ps 赋值
            printf("Day No:%2d-->%s\n",i,*ps);    //输出
        }
```

说明：name 是一个指针数组，它的每个元素是一个指针型数据，其值为地址，即每个元素都有相应的地址。数组名 name 代表该指针数组的首地址。当 i=1 时，name[i] 是"Monday"的首地址，ps=name+i 是 name[i]的地址，所以 ps 就是指向指针型数据的指针变量。输出时的"*ps"表示*(name+i)，即 name[i]。具体如图 6.20 所示。

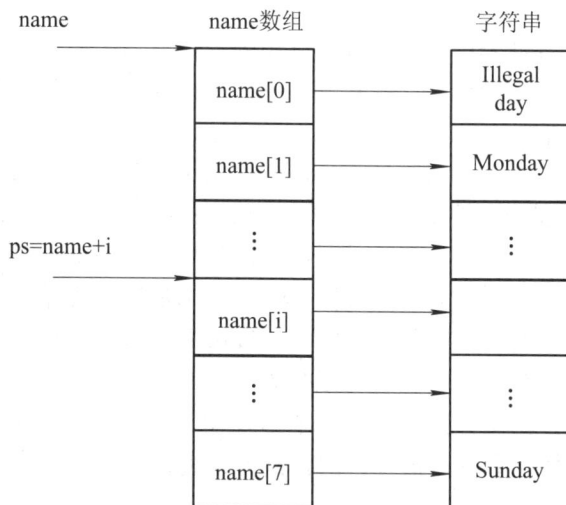

图 6.20　例 6-14 示意

【例 6-15】　一个指针数组的元素指向数据的简单例子。

程序如下：

```
        #include <stdio.h>
        main( )
        {
        int a[5]={1,3,5,7,9};
        int *num[5]={&a[0],&a[1],&a[2],&a[3],&a[4]};
        int **p,i;
        p=num;
```

```
        for(i=0;i<5;i++)
        {printf("%d\t",**p);
            p++;}
    }
```

程序运行结果如图 6.21 所示。

图 6.21　例 6-15 的程序运行结果

6.4.3　文件操作

在计算机的运行过程中，常量和变量的值存储在计算机的内存中，因为计算机中的内存具有易失性，所以在用户切断计算机电源以后，内存中的数据将不再存在。为了将运行过程中的数据长久保存，用户必须将数据存储在稳定的存储器——磁盘中。数据在磁盘中存储的形式是文件。

1. 文件的概念及分类

文件是保存在辅助存储器中的用文件名标识的一级信息的集合，在进行程序设计时，对文件是从逻辑概念上进行操作的。在 C 语言中，是通过 C 语言标准函数库中的输入、输出函数来处理磁盘文件的。

在不同的计算机平台上，操作系统不同，文件系统的类型也不同。文件系统通常可以分为缓冲文件系统和非缓冲文件系统。缓冲文件系统是指应用程序在使用文件时，操作系统在内存中开辟缓冲区。非缓冲文件系统是指应用程序在使用文件时，操作系统不为文件开辟缓冲区，而由应用程序自行管理缓冲区。C 语言为缓冲文件系统和非缓冲文件系统均提供相应的系统函数，用户可以根据实际需要自行选择。

根据文件中数据的组织形式，文件可以分为：

(1) 文本文件(ASCII 码文件)：每个字节存放一个 ASCII 码，代表一个字符。

(2) 二进制文件：按照数据在内存中的存储形式进行存储，即按照二进制的形式进行存储。

下面主要介绍缓冲文件系统的文件操作。

2. 缓冲文件系统的基本操作

在学习缓冲文件系统时，必须掌握关键的概念"文件指针"。任何一个文件在使用时均须在内存中开辟一个内存区域用来存储文件的文件名、状态、当前读写位置和缓冲区位置等信息。为了能使用该区域中的信息，C 语言将该区域加以定义，并命名为 FILE。FILE 可视为一种数据类型，该命名包含在头文件"stdio.h"中。在编程过程中如果要使用一个文件，则必须使用 FILE 类型定义的变量或指针变量来表示特定的文件，其中以文件类型指针为主。文件类型指针的定义格式如下：

```
    FILE  *fp;
```

此即将 fp 定义为文件类型的指针变量。在文件的各种操作中，基本上都要使用文件类型指针。文件的使用基本上遵循"先打开，然后对文件进行操作(读写)，最后关闭文件"的原则，各种操作均由系统函数来完成，这些函数的声明包含在头文件"stdio.h"中。下面介绍常见的文件操作函数，在使用前，先使用头文件包含命令"#include <stdio.h>"。

(1) 文件的打开——fopen(文件名字符串，文件操作方式字符串)。

说明："文件名字符串"表示要打开的文件，注意路径的分隔符应使用"\\"；"文件操作方式字符串"表示对文件的操作模式，可以使用的文件操作模式见表 6.1。

表 6.1　文件操作模式

模式	含　义	文件存在	文件不存在
"r"	打开一个文本文件，从中读取数据	打开	失败
"w"	打开一个文本文件，向文件中写入数据	覆盖原文件	建立新文件
"a"	打开一个文本文件，向文件尾增加数据	打开	建立新文件
"rb"	打开一个二进制文件，从中读取数据	打开	失败
"wb"	打开一个二进制文件，向文件中写入数据	覆盖原文件	建立新文件
"ab"	打开一个二进制文件，向文件尾增加数据	打开	建立新文件
"r+"	打开一个文本文件，读写数据	打开	失败
"w+"	打开一个文本文件，读写数据	覆盖原文件	建立新文件
"a+"	打开一个文本文件，读写数据	打开	建立新文件
"rb+"	打开一个二进制文件，读写数据	打开	失败
"wb+"	打开一个二进制文件，读写数据	覆盖原文件	建立新文件
"ab+"	打开一个二进制文件，读写数据	打开	建立新文件

当使用 fopen( )函数打开文件时，如文件正常打开，则建立文件的缓冲区和文件控制信息块并返回文件指针，可以将其赋给文件类型指针变量；如不能打开文件，则返回 NULL。在程序中必须对其返回结果进行检查，系统在确认文件正常打开以后再使用该指针。

(2) 文件的关闭——fclose (文件指针变量)。

在 C 语言中，在程序结束以前，系统必须将所有打开的文件关闭，将缓冲区数据写入文件，并释放缓冲区和文件信息块。将 fp 所指向的文件关闭后，fp 不再指向该文件。文件正常关闭以后系统返回 0，否则返回一个非零值。

(3) 文件输入函数——fscanf(文件指针变量，"输入控制格式"，输入列表)。

功能：从 fp 指定的文件中按照格式将输入数据送到输入项所指的内存单元中，返回已输入的数据个数。

(4) 文件输出函数——fprintf(文件指针变量，"输出控制格式"，输出列表)。

功能：将输出列表的值按指定的格式输出到 fp 所指向的文件中，并返回实际输出的字符个数。

(5) 读字符函数——fgetc(文件指针)。

功能：从指定的文件中读一个字符。该函数的调用形式如下：

字符变量=fgetc(文件指针);

(6) 写字符函数 fputc(文件指针)。

功能：把一个字符写入指定的文件中。该函数的调用形式如下：

fputc(字符量,文件指针);

【例6-16】 从键盘上输入一些字符，逐个写入"c:\\mydata.dat"文件中，直至输入一个"#"为止。

程序如下：

```
#include<stdio.h>
main( )
{
    FILE *fp;
    char ch;
    if((fp=fopen("c:\\mydata.dat ","w+"))==NULL)
    //以新建方式打开 c:\\mydata.dat 文件
    {printf("Cannot open file strike any key exit!");
      exit(1); }                   //打开不成功
    ch=getchar( );
    while (ch!='#')
    {fprintf(fp,"%c",ch);          //将字符写入文件中
     putchar(ch);                  //将字符输出在屏幕上
     ch=getchar( ); }
    printf("\n");
    fclose(fp);                    //关闭文件
}
```

程序运行结果如图 6.22 所示。

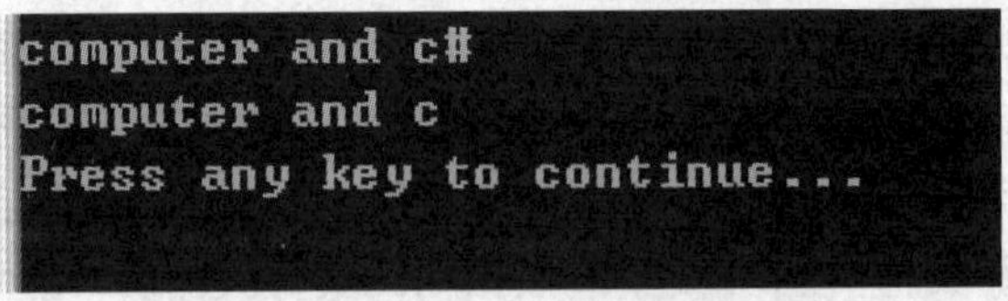

图 6.22 例 6-16 的程序运行结果

6.5 知 识 总 结

(1) 内存单元的编号称为该存储单元的地址。"&"为取地址运算符。

(2) 一个变量在内存中存储时的地址称为指针。

(3) 存放某种变量地址的变量称为指针变量。

(4) 指针变量的定义格式：

> 类型标识符　　*变量名[=地址表达式];

(5) 指针变量的初始化。

① 直接初始化：

> int　a, *s=&a;

② 定义后再赋值：

> int　a, *s;
>
> s=&a;

注意：只能用同类型变量的地址进行赋值。

(6) 指针变量的引用。

① "&"：取地址运算符。

② "*"：指针运算符(取指针所指向的变量的内容)。

(7) 指针与数组。

在数组中，数组名表示该数组的首地址，即第一个元素的地址，它是一个常量。指针可以指向数组的首地址，也可以指向数组中的任意一个元素。

> int a[5];　　　　　　//定义一个包含 5 个元素的整型数组
>
> int *p;　　　　　　//定义一个指向整型变量的指针变量
>
> p=a;或者 p=&a[0]　//表示指针 p 指向数组的首地址
>
> p=&a[i]　　　　　//表示指针 p 指向数组中的任意元素

假如有指针 p 指向数组 a 首地址的前提条件，那么指针是可以进行 ++ 等相关运算的。如：

① "p++;"表示 p 向后移动一个位置，指向 a[1]；

② "p--;"表示 p 向前移动一个位置，重新指向 a[0]；

③ "p=p+3;"表示 p 向后移动三个位置，指向 a[3]。

系统可以通过下标法直接访问数组中任意元素的地址或内容。根据指针 p 指向数组 a 首地址的前提条件，访问 a[i]元素的地址和值的方式可归纳如下：

a[i]元素的地址表示形式：&a[i]、a+i、p+i；

a[i]元素的值表示形式：a[i]、*(a+i)、*(p+i)、p[i]。

(8) 指针数组是一组有序的指针的集合。指针数组的所有元素都必须是具有相同存储类型和指向相同数据类型的指针变量。指针数组主要适合指向若干个长短不一的字符串，使对字符串的处理更加方便、灵活。

(9) 一维指针数组定义的一般形式：

> 类型标识符　*数组名[数组长度];

(10) 通过指针作为函数形式参数的方式可以实现实参两个数的交换。指针变量作为函数参数时，从实参向形参的数据传递仍然遵循"单向值传递"的原则，只不过此时传递的是地址。只有形参交换的是指针所指向的变量内容，才能实现实参两个数的交换。

6.6 试 一 试

1. 为了防止信息被他人轻易窃取，需要把电码明文通过加密方式变换成为密文。变换规则：小写字母 z 变换成 a，其他字母变换成该字符 ASCII 码顺序后 1 位的字符。输入一个字符串(少于 80 个字符)，输出相应的密文。要求定义和调用函数 encrypt()，该函数将字符串 s 变换为密文。

运行示例如下：

> Enter the sring: hello hangzhou
>
> After being encrypted: ifmmp!ibohaipv

2. 调用函数 f( )，将字符串中的所有字符逆序存放，然后输出。例如，输入字符串"123456"，则程序的输出结果为"654321"。

3. 设计程序：累加 a 字符串中非大写英文字母字符的 ASCII 码值，然后将累加和送到 s 中并以格式"%d"写到 C 盘下的新建文件"design.dat"中。

4. 设计程序：对数组 a 的 10 个数求平均值 v，将大于等于 v 的数组元素求和，并将结果以格式"%.5f"写到 C 盘下的新建文件"design.dat"中。

"试一试"参考答案

附录 1　ASCII 字符编码一览表

ASCII 值	字符	ASCII 值	字符	ASCII 值	字符	ASCII 值	字符	ASCII 值	字符	ASCII 值	字符
0	nul	22	syn	44	,	66	B	88	X	110	n
1	soh	23	etb	45	-	67	C	89	Y	111	o
2	stx	24	can	46	.	68	D	90	Z	112	p
3	etx	25	em	47	/	69	E	91	[	113	q
4	eot	26	sub	48	0	70	F	92	\	114	r
5	enq	27	esc	49	1	71	G	93	]	115	s
6	ack	28	fs	50	2	72	H	94	^	116	t
7	bel	29	gs	51	3	73	I	95	_	117	u
8	bs	30	re	52	4	74	J	96	`	118	v
9	ht	31	us	53	5	75	K	97	a	119	w
10	nl	32	sp	54	6	76	L	98	b	120	x
11	vt	33	!	55	7	77	M	99	c	121	y
12	ff	34	"	56	8	78	N	100	d	122	z
13	cr	35	#	57	9	79	O	101	e	123	{
14	so	36	$	58	:	80	P	102	f	124	|
15	si	37	%	59	;	81	Q	103	g	125	}
16	dle	38	&	60	<	82	R	104	h	126	~
17	dc1	39	'	61	=	83	S	105	i	127	del
18	dc2	40	(	62	>	84	T	106	j		
19	dc3	41	)	63	?	85	U	107	k		
20	dc4	42	*	64	@	86	V	108	l		
21	nak	43	+	65	A	87	W	109	m		

说明：此表列出了部分常用十进制 ASCII 码及其相关符号。

附录 2　运算符的优先级和结合性

优先级	运算符	名称或含义	使用形式	结合方向	说　明
1	[]	数组下标	数组名[常量表达式]	左到右	—
	( )	圆括号	(表达式)/函数名(形参表)		—
	.	成员选择(对象)	对象.成员名		—
	->	成员选择(指针)	对象指针->成员名		—
2	-	负号运算符	-表达式	右到左	单目运算符
	(类型)	强制类型转换	(数据类型)表达式		—
	++	自增运算符	++变量名/变量名++		单目运算符
	--	自减运算符	--变量名/变量名--		单目运算符
	*	取值运算符	*指针变量		单目运算符
	&	取地址运算符	&变量名		单目运算符
	!	逻辑非运算符	!表达式		单目运算符
	~	按位取反运算符	~表达式		单目运算符
	sizeof	长度运算符	sizeof(表达式)		—
3	/	除	表达式/表达式	左到右	双目运算符
	*	乘	表达式*表达式		双目运算符
	%	余数(取模)	整型表达式/整型表达式		双目运算符
4	+	加	表达式+表达式	左到右	双目运算符
	-	减	表达式-表达式		双目运算符
5	<<	左移	变量<<表达式	左到右	双目运算符
	>>	右移	变量>>表达式		双目运算符
6	>	大于	表达式>表达式	左到右	双目运算符
	>=	大于等于	表达式>=表达式		双目运算符
	<	小于	表达式<表达式		双目运算符
	<=	小于等于	表达式<=表达式		双目运算符

续表

优先级	运算符	名称或含义	使用形式	结合方向	说　明
7	==	等于	表达式==表达式	左到右	双目运算符
	!=	不等于	表达式!=表达式		双目运算符
8	&	按位与	表达式&表达式	左到右	双目运算符
9	^	按位异或	表达式^表达式	左到右	双目运算符
10	|	按位或	表达式|表达式	左到右	双目运算符
11	&&	逻辑与	表达式&&表达式	左到右	双目运算符
12	||	逻辑或	表达式||表达式	左到右	双目运算符
13	?:	条件运算符	表达式 1?表达式 2: 表达式 3	右到左	三目运算符
14	=	赋值运算符	变量=表达式	右到左	—
	/=	除后赋值	变量/=表达式		—
	*=	乘后赋值	变量*=表达式		—
	%=	取模后赋值	变量%=表达式		—
	+=	加后赋值	变量+=表达式		—
	-=	减后赋值	变量-=表达式		—
	<<=	左移后赋值	变量<<=表达式		—
	>>=	右移后赋值	变量>>=表达式		—
	&=	按位与后赋值	变量&=表达式		—
	^=	按位异或后赋值	变量^=表达式		—
	|=	按位或后赋值	变量|=表达式		—
15	,	逗号运算符	表达式，表达式，…	左到右	从左向右顺序运算

注：C 语言的运算符众多，具有不同的优先级和结合性，本书将它们全部列了出来。同一优先级的运算符，运算次序由结合方向决定。

附录 3   C 语言常用的库函数

为了用户使用方便，每种 C 语言编译版本都提供了一批由厂家开发编写的函数，放在一个库中，这就是函数库。函数库中的函数称为库函数。在使用库函数时，往往要用到函数执行时所需要的一些信息，这些信息分别在一些头文件中，因此在使用库函数时，一般应该用#include 命令将有关的头文件包括到程序中。不同类别的库函数，使用的头包含命令是不一样的，读者在使用时一定要进行区分。

1. 数学函数

调用数学函数时，要求在源文件中包含命令行“#include <math.h>”或者“#include "math.h"”，见附表 1。

附表 1   数 学 函 数

函数原型说明	功　　能	返回值	说　　明
int abs(int x)	求整数 x 的绝对值	计算结果	—
double fabs(double x)	求双精度实数 x 的绝对值	计算结果	—
double cos(double x)	计算 cos(x)的值	计算结果	x 的单位为弧度
double exp(double x)	求 e^x 的值	计算结果	—
double log(double x)	求 ln x 的值	计算结果	x>0
double log10(double x)	求 $\log_{10}x$ 的值	计算结果	x>0
double pow(double x,double y)	计算 x^y 的值	计算结果	—
double sin(double x)	计算 sin(x)的值	计算结果	x 的单位为弧度
double sqrt(double x)	计算 x 的开方	计算结果	x≥0
double tan(double x)	计算 tan(x)	计算结果	—

2. 字符函数

调用字符函数时，要求在源文件中包含命令行“#include <ctype.h>”，见附表 2。

附表 2   字 符 函 数

函数原型说明	功　　能	返 回 值
int isalnum(int ch)	检查 ch 是否为字母或数字	是，则返回 1，否则返回 0
int isalpha(int ch)	检查 ch 是否为字母	是，则返回 1，否则返回 0
int iscntrl(int ch)	检查 ch 是否为控制字符	是，则返回 1，否则返回 0
int isdigit(int ch)	检查 ch 是否为数字	是，则返回 1，否则返回 0

函数原型说明	功　能	返　回　值
int isgraph(int ch)	检查 ch 是否为 ASCII 码值在 ox21～ox7e 的可打印字符(即不包含空格字符)	是，则返回 1，否则返回 0
int islower(int ch)	检查 ch 是否为小写字母	是，则返回 1，否则返回 0
int isprint(int ch)	检查 ch 是否为包含空格符在内的可打印字符	是，则返回 1，否则返回 0
int ispunct(int ch)	检查 ch 是否为除了空格、字母、数字之外的可打印字符	是，则返回 1，否则返回 0
int isspace(int ch)	检查 ch 是否为空格、制表或换行符	是，则返回 1，否则返回 0
int isupper(int ch)	检查 ch 是否为大写字母	是，则返回 1，否则返回 0
int isxdigit(int ch)	检查 ch 是否为十六进制数	是，则返回 1，否则返回 0
int tolower(int ch)	把 ch 中的字母转换成小写字母	返回对应的小写字母
int toupper(int ch)	把 ch 中的字母转换成大写字母	返回对应的大写字母

3. 字符串函数

调用字符串函数时，要求在源文件中包含命令行"#include <string.h>"，见附表 3。

附表 3　字 符 串 函 数

函数原型说明	功　能	返　回　值
char *strcat(char *s1,char *s2)	把字符串 s2 接到 s1 后面	s1 所指地址
char *strchr(char *s,int ch)	在 s 所指字符串中，找出第一次出现字符 ch 的位置	返回找到的字符的地址；若找不到，则返回 NULL
int strcmp(char *s1,char *s2)	对 s1 和 s2 所指字符串进行比较	若 s1＜s2，则返回负数；若 s1 = s2，则返回 0；若 s1＞s2，则返回正数
char *strcpy(char *s1,char *s2)	把 s2 指向的字符串复制到 s1 指向的空间	s1 所指地址
unsigned strlen(char *s)	求字符串 s 的长度	返回字符串中字符(不计最后的'\0')个数
char *strstr(char *s1,char *s2)	在 s1 所指字符串中，找出字符串 s2 第一次出现的位置	返回找到的字符串的地址；若找不到，则返回 NULL

4. 输入/输出函数

调用字符函数时，要求在源文件中包含命令行"#include <stdio.h>"，见附表 4。

附表 4　输入/输出函数

函数原型说明	功　能	返　回　值
void clearer(FILE *fp)	清除与文件指针 fp 有关的所有出错信息	无
int fclose(FILE *fp)	关闭 fp 所指的文件，释放文件缓冲区	若出错，则返回非 0 值，否则返回 0
int feof (FILE *fp)	检查文件是否结束	若遇文件结束，则返回非 0 值，否则返回 0
int fgetc (FILE *fp)	从 fp 所指的文件中取得下一个字符	若出错，则返回 EOF，否则返回所读字符
char *fgets(char *buf, int n, FILE *fp)	从 fp 所指的文件中读取一个长度为 n−1 的字符串，将其存入 buf 所指存储区	返回 buf 所指地址；若遇文件结束或出错，则返回 NULL
FILE *fopen(char *filename, char *mode)	以 mode 指定的方式打开名为 filename 的文件	成功，则返回文件指针(文件信息区的起始地址)，否则返回 NULL
int fprintf(FILE *fp, char *format, args, …)	把"args, …"的值以 format 指定的格式输出到 fp 指定的文件中	实际输出的字符数
int fputc(char ch, FILE *fp)	把 ch 中的字符输出到 fp 指定的文件中	成功，则返回该字符，否则返回 EOF
int fputs(char *str, FILE *fp)	把 str 所指字符串输出到 fp 所指文件	成功，则返回非负整数，否则返回-1(EOF)
int fread(char *pt, unsigned size, unsigned n, FILE *fp)	从 fp 所指文件中读取长度 size 为 n 的数据项到 pt 所指文件中	读取的数据项个数
int fscanf (FILE *fp, char *format, args, …)	从 fp 所指的文件中按 format 指定的格式把输入数据存入"args, …"所指的内存中	已输入的数据个数，遇文件结束或出错返回 0
int fseek (FILE *fp, long offer, int base)	移动 fp 所指文件的位置指针	成功，则返回当前位置，否则返回非 0 值
long ftell (FILE *fp)	求出 fp 所指文件当前的读写位置	读写位置；出错，则返回-1L
int fwrite(char *pt, unsigned size, unsigned n, FILE *fp)	把 pt 所指向的 n*size 个字节输入到 fp 所指文件中	输出的数据项个数
int getc (FILE *fp)	从 fp 所指文件中读取一个字符	返回所读字符；若出错或文件结束，则返回 EOF

续表

函数原型说明	功　　能	返　回　值
int getchar(void)	从标准输入设备读取下一个字符	返回所读字符；若出错或文件结束，则返回-1
char *gets(char *s)	从标准设备读取一行字符串放入 s 所指存储区，用'\0'替换读入的换行符	返回 s；若出错，则返回 NULL
int printf(char *format, args，…)	把 "args，…" 的值以 format 指定的格式输出到标准输出设备	输出字符的个数
int putc (int ch，FILE *fp)	同 fputc( )	同 fputc( )
int putchar(char ch)	把 ch 输出到标准输出设备	返回输出的字符；若出错，则返回 EOF
int puts(char *str)	把 str 所指字符串输出到标准设备，将'\0'转成回车换行符	返回换行符；若出错，则返回 EOF
int rename(char *oldname,char *newname)	把 oldname 所指文件名改为 newname 所指文件名	成功，则返回 0，否则返回-1
void rewind(FILE *fp)	将文件位置指针置于文件开头	无

5. 动态分配函数和随机函数

调用动态分配函数和随机函数时，要求在源文件中包含命令行"#include <stdlib.h>"，见附表 5。

附表 5　动态分配函数和随机函数

函数原型说明	功　　能	返　回　值
void *calloc(unsigned n, unsigned size)	分配 n 个数据项的内存空间，每个数据项的大小为 size 个字节	分配内存单元的起始地址；如不成功，则返回 0
void *free(void *p)	释放 p 所指的内存区	无
void *malloc(unsigned size)	分配 size 个字节的存储空间	分配内存空间的地址；如不成功，则返回 0
void *realloc(void *p, unsigned size)	把 p 所指内存区的大小改为 size 个字节	新分配内存空间的地址；如不成功，则返回 0
int rand(void)	产生 0～32 767 的随机整数	返回一个随机整数
void exit(int state)	程序终止执行，返回调用过程，state 为 0 表示正常终止，state 为非 0 表示非正常终止	无

参 考 文 献

[1] 谭浩强. C语言程序设计教程[M]. 2版. 北京：高等教育出版社，1998.

[2] 谭浩强. C程序设计[M]. 5版. 北京：清华大学出版社，2017.

[3] 何亦琛，古万荣. C语言程序设计从入门到精通[M]. 北京：电子工业出版社，2018.

[4] BRIAW W KERNIG HAN, DENNIS M RITCHIE. C程序设计语言[M]. 2版. 徐宝文，李志，译. 北京：机械工业出版社，2004.

[5] 严蔚敏. 数据结构(C语言版)[M]. 北京：清华大学出版社，2017.

[6] 相方莉. C语言项目化教程[M]. 北京：电子工业出版社，2017.